工业和信息化高等职业教育"十二五"规划教材立项项目

Computer

计算机基础
知识与操作技能

毕文才 主编

项丽萍 王梅艳 副主编

李伟鸿 陈志坚 张伟 等 参编

Basic Computer
Knowledge and Skills

U0312861

人民邮电出版社

北京

图书在版编目（ＣＩＰ）数据

计算机基础知识与操作技能 / 毕文才主编. -- 北京
: 人民邮电出版社，2013.9（2017.10 重印）
ISBN 978-7-115-33001-7

Ⅰ．①计… Ⅱ．①毕… Ⅲ．①电子计算机－教材
Ⅳ．①TP3

中国版本图书馆CIP数据核字(2013)第221827号

内　容　提　要

全书共分 6 个模块，主要内容包括计算机基础知识、Windows XP 系统、文字处理软件 Word 2010、数据处理软件 Excel 2010、演示文稿制作软件 PowerPoint 2010、Internet 及其他常用软件应用等。各模块依据计算机应用的实际需求，分为了多个项目和任务，有利于读者尽快学习了解掌握计算机的基本操作。

本书适合作为各类高等职业学校计算机专业教材，也可作为高等学校成人教育的培训教材或自学参考书。

◆ 主　　编　毕文才
　　副主编　项丽萍　王梅艳
　　参　编　李伟鸿　陈志坚　张　伟　等
　　责任编辑　王亚娜
　　执行编辑　刘　佳
　　责任印制　张佳莹　杨林杰
◆ 人民邮电出版社出版发行　　北京市丰台区成寿寺路 11 号
　　邮编　100164　电子邮件　315@ptpress.com.cn
　　网址　http://www.ptpress.com.cn
　　北京隆昌伟业印刷有限公司印刷
◆ 开本：787×1092　1/16
　　印张：14　　　　　　　2013 年 9 月第 1 版
　　字数：360 千字　　　　2017 年 10 月北京第 5 次印刷

定价：29.80 元
读者服务热线：(010) 81055256　印装质量热线：(010) 81055316
反盗版热线：(010) 81055315

前言

为推进高等职业院校公共计算机课的教学改革,本书编写组主要成员于 2011 年向山西省教育厅申报了教改项目"高职计算机基础课程创新教学模式的探索实践研究"。项目批准后,开始在教学的过程中实践尝试"1+X"教学模式的改革,"1"指所有专业学生必须学习掌握的计算机基础知识和操作技能,即基础模块;"X"指分专业为学生开设的并要求必须掌握的计算机课程,即专业方向模块。

分基础和专业方向模块实施教学后效果良好:精简了教学内容,基础模块(4 课时)参照全国计算机等级考试(一级)大纲,并结合教学和学生实际,整合教学内容,剔除了一些专业性较强和要求学生必须具有一定的知识基础才能学习掌握的内容,减轻了学生的学习负担,提高了学习效率,增强了教学的针对性和适应性。专业方向模块(2 课时以上)根据专业学习需求选取教学内容,分专业或专业群实施教学,体现了基础课教学为专业课教学服务的宗旨。

为进一步推广项目建设的成果,课题组成员现将基础教学模块的教学内容编纂成书,呈现给广大从事高职计算机基础教学的教师和学生,请提出宝贵意见。

本书在出版过程中吸纳兄弟院校张伟等人参与编写,得到了北京霞光文苑图书发行有限公司的倾情相助,在此一并致以诚挚的谢意。

编　者
2013 年 8 月

目录

模块一　计算机基础知识 ………………………………………………………………1

项目一　认识计算机 …………………………………………………………………1

　　任务一　计算机的诞生与发展 …………………………………………………1

　　任务二　计算机的分类与特点 …………………………………………………3

　　任务三　计算机的应用 …………………………………………………………4

项目二　计算机的信息表示 …………………………………………………………5

　　任务四　计算机常用数制 ………………………………………………………5

　　任务五　数制间的转换 …………………………………………………………6

　　任务六　了解计算机存储单位 …………………………………………………9

项目三　计算机的组成与工作原理 …………………………………………………9

　　任务七　计算机硬件系统 ………………………………………………………10

　　任务八　存储程序的工作原理 …………………………………………………11

　　任务九　计算机软件系统 ………………………………………………………11

项目四　计算机病毒与安全防范 ……………………………………………………14

　　任务十　计算机病毒 ……………………………………………………………14

　　任务十一　计算机安全防范 ……………………………………………………15

拓展学习 ………………………………………………………………………………15

习题一 …………………………………………………………………………………17

模块二　Windows XP 系统 …………………………………………………………19

项目一　Windows XP 特点 …………………………………………………………19

　　任务一　Windows XP 系统的主要特性 ………………………………………19

　　任务二　Windows XP 系统的基本配置环境 …………………………………20

项目二　Windows XP 的基本操作 …………………………………………………21

　　任务三　任务栏和开始菜单 ……………………………………………………21

　　任务四　窗口和对话框 …………………………………………………………22

　　任务五　死机的处理 ……………………………………………………………25

项目三　Windows XP 文件管理和操作 ……………………………………………25

　　任务六　资源管理器 ……………………………………………………………26

　　任务七　文件和文件夹 …………………………………………………………27

CONTENTS 目录

任务八　文件和文件夹的操作 29

项目四　Windows XP 的设置与维护 34

　　任务九　设置日期和时间 35

　　任务十　设置鼠标与键盘 35

　　任务十一　设置显示效果 36

　　任务十二　系统维护 37

　　任务十三　设置网络打印机 38

项目五　附件的使用 41

　　任务十四　画图的使用 41

　　任务十五　写字板与记事本的使用 41

　　任务十六　计算器的使用 42

　　任务十七　录音机的使用 43

拓展学习 43

习题二 44

模块三　文字处理软件 Word 2010 47

项目一　Word 2010 界面及基本操作 47

　　任务一　初识 Word 2010 基本操作 47

　　任务二　文档编辑 51

　　任务三　格式设置 60

项目二　文档的图文混排 64

　　任务四　文档中图片的使用 64

　　任务五　图形 67

　　任务六　文本框 70

　　任务七　艺术字 71

　　任务八　插入和编辑 SmartArt 图形 71

项目三　文档中的表格 73

　　任务九　创建和编辑表格 74

　　任务十　表格的其他应用 76

项目四　高级编排 80

　　任务十一　设置分隔符及添加页眉页脚 80

目录

    任务十二　邮件合并···81

    任务十三　其他应用···83

  项目五　页面设置与打印输出···85

    任务十四　页面设置···85

    任务十五　打印文档···86

拓展学习···87

习题三···88

模块四　数据处理软件 Excel 2010···**90**

  项目一　Excel 2010 工作界面及基本操作···90

    任务一　初识 Excel 2010···90

    任务二　Excel 2010 工作表的编辑···97

    任务三　Excel 2010 工作表格式化···102

  项目二　Excel 2010 公式与函数的使用···106

    任务四　Excel 2010 公式的使用···106

    任务五　公式中的引用设置···107

    任务六　Excel 2010 函数的使用···108

  项目三　Excel 2010 数据管理与分析···113

    任务七　数据排序···113

    任务八　数据筛选···115

    任务九　数据分类汇总···118

  项目四　Excel 2010 数据图表操作···120

    任务十　创建图表···121

    任务十一　编辑图表···121

    任务十二　格式化图表···124

    任务十三　创建数据透视表和数据透视图·······································126

  项目五　Excel 2010 工作表的打印···130

    任务十四　页面设置···130

    任务十五　设置打印区域和分页预览···132

拓展学习···133

习题四···136

模块五　演示文稿制作软件 PowerPoint 2010···································**138**

  项目一　PowerPoint 2010 工作界面及基本操作·································138

CONTENTS 目录

任务一　初识 PowerPoint 2010 ·· 138

任务二　幻灯片的插入、复制、移动、删除 ······················ 141

任务三　插入文本、艺术字、图形、图片 ························· 143

任务四　插入声音、视频、Flash 动画 ····························· 145

项目二　设计演示文稿 ·· 148

任务五　设置演示文稿版式 ·· 148

任务六　设置演示文稿母版 ·· 149

任务七　设置演示文稿主题 ·· 151

任务八　设置演示文稿背景 ·· 153

项目三　演示文稿的动画效果与放映 ···································· 155

任务九　超链接与动作设置 ·· 155

任务十　动画效果设置 ·· 157

任务十一　放映方式设置 ··· 161

项目四　打印与输出演示文稿 ··· 164

任务十二　打印演示文稿 ··· 164

任务十三　创建 PDF/XPS 文档与讲义 ····························· 165

任务十四　打包为 CD 或者视频 ······································ 166

拓展学习 ··· 167

习题五 ·· 169

模块六　Internet 应用 ··· 170

项目一　Internet 基础知识 ·· 170

任务一　局域网内设置网络连接 ······································ 171

任务二　设置宽带连接 ·· 173

项目二　设置无线路由器 ··· 174

任务三　无线路由器的设置 ·· 174

项目三　备份导出收藏夹 ··· 176

任务四　手工备份收藏夹操作 ··· 176

任务五　IE 导出导入收藏夹 ··· 176

项目四　搜索引擎的应用 ··· 178

任务六　百度搜索的使用 ··· 178

目录

任务七　百度地图的使用 181

任务八　百度视听的使用 185

任务九　其他搜索引擎的使用 187

项目五　电子邮件的应用 189

任务十　申请电子邮箱 189

任务十一　收发电子邮件 191

任务十二　应用 Outlook 设置收发电子邮件 191

任务十三　网盘的使用（以百度网盘为例） 193

项目六　常见网络应用 195

任务十四　淘宝网购物 195

任务十五　QQ 聊天工具的使用 202

任务十六　远程控制 205

任务十七　QQ 远程协助 206

任务十八　360 安全卫士的使用 208

任务十九　网络游戏平台的了解 210

拓展学习 211

习题六 213

学习导航:

本模块分 4 个项目 11 个任务,介绍计算机的历史与发展,系统与组成,基本配置与工作原理,数据转换与存储,安全与防范等方面的知识。

项目一　认识计算机

学习目标:

1. 了解计算机的诞生与发展;
2. 理解计算机的分类与特点;
3. 熟悉计算机的应用。

任务一　计算机的诞生与发展

1. 计算机的诞生

世界上第一台电子数字计算机(ENIAC)于 1946 年诞生于美国宾夕法尼亚大学。ENIAC 主要元件是电子管,每秒能完成 5000 次加法、300 多次乘法运算。它使用了 18000 多个真空电子管,功率为 174kW,占地 170m²,重达 30t,耗电 140kW/h,真可谓"庞然大物"。它的问世标志着计算机时代的到来,被人们称为第四次科技革命(信息革命)的开端。

图 1-1　世界上第一台电子计算机 ENIAC

2. 计算机的发展

ENIAC 奠定了电子计算机发展的基础,在计算机发展史上具有划时代的意义,标志着计算机时代的到来。计算机的系统结构不断变化,应用领域不断拓宽。人们根据计算机所用元件的种类,习惯上将计算机的发展分为以下几个阶段。

(1)第一代计算机——电子管计算机(1946—1957)

第一代电子计算机是电子管计算机。其基本特征是采用电子管作为计算机的逻辑元件;数据表示主要是定点数;用机器语言或汇编语言编写程序。由于当时电子技术的限制,每秒运算速度仅为几千次,内存容量仅为几千字节。因此,第一代电子计算机体积庞大,造价很高,仅限于军事和科学研究工作。

(2)第二代计算机——晶体管计算机(1958—1964)

第二代电子计算机是晶体管电路电子计算机。其基本特征是采用晶体管作为计算机的逻辑元件。内存所使用的元件大都使用由铁氧磁性材料制成的磁心存储器。外存储器采用磁盘或磁鼓,外设种类也有所增加。运算速度达到每秒几十万次,内存容量扩大到几十 KB。与此同时,计算机软件也有了较大的发展，出现了 Fortran、Cobol、Algol 等高级语言。与第一代计算机相比，晶体管电子计算机体积小、成本低、功能强，可靠性也大大提高。除了用于科学计算外，还用于数据处理和事务处理。

（3）第三代计算机——集成电路计算机（1965—1970）

第三代电子计算机是集成电路计算机。其基本特征是逻辑元件采用小规模集成电路（Small Scale Integration，SSI）和中规模集成电路（Middle Scale Integration，MSI）。第三代电子计算机的运算速度可达每秒几十万次到几百万次。存储器进一步发展，体积更小、价格更低、软件逐步完善。这一时期，计算机同时向标准化、多样化、通用化、系列化发展。高级程序设计语言在这个时期有了很大发展，并出现了操作系统和会话式语言，计算机开始应用于各个领域。

（4）第四代计算机——大规模或超大规模集成电路计算机（1971 至今）

第四代电子计算机的基本特征是采用大规模或超大规模集成电路作为计算机的逻辑元件，操作系统不断完善。并行处理、人工智能及模式识别得到大规模应用，计算机技术与通信技术相结合，计算机网络已把世界紧密联系在一起。

（5）第五代计算机

第五代计算机是智能电子计算机，它是一种有知识、会学习、能推理的计算机，具有理解自然语言、声音、文字和图像的能力，并且具有说话的能力，使人机能够用自然语言直接对话。它可以利用已有的知识不断学习，进行思考、联想和推理，并得出结论，能解决复杂问题，具有汇集、记忆、检索等相关能力。智能计算机突破了传统的诺依曼式计算机的概念，舍弃了二进制结构，把许多处理机并联起来，并行处理信息，速度大大提高。它的智能化人机接口使人们不必编写程序，只需发出命令或提出要求，电脑就会完成推理和判断，并且进行解释。1988 年，美国加州理工学院推出了一种大容量并行处理系统，用 528 台处理器进行工作，其运算速度可达到每秒320 亿次浮点运算。

（6）第六代计算机

第六代计算机是可模仿人的大脑的判断能力和适应能力，并具有可并行处理多种数据功能的神经网络的计算机。与以逻辑处理为主的第五代计算机不同，它本身可以判断对象的性质与状态，并能采取相应的行动，而且它可并行处理实时变化的大量数据，得出结论。以往的信息处理系统只能处理条理清晰、经络分明的数据，而人的大脑活动具有处理零碎、含糊不清信息的灵活性，第六代电子计算机将具有类似于人脑的智慧和灵活性。

3. 中国计算机的发展

中国于 1956 年组建了第一个电子计算机科研小组，开始研制计算机。60 年来，从面向国防建设为两弹一星做贡献到面向市场为产业化提供技术源泉，计算机科研人员为国家发展做出了不可磨灭的贡献。

（1）第一代电子计算机（1958—1964）

1958 年，中科院计算所研制成功我国第一台小型电子管通用计算机 103 机（八一型），标志着我国第一台电子计算机的诞生。1959 年成功研制出运行速度为每秒 1 万次的 104 机，104 机是中国研制的第一台大型通用电子数字计算机。103 机和 104 机的研制成功填补了中国在计算机技术领域的空白，促进了中国计算机技术的发展。

（2）第二代电子计算机（1965—1972）

1965 年，研制成功中国第一台大型晶体管计算机 109 乙机，两年后推出的 109 丙机在我国两弹试验中发挥了重要作用。1964 年末，研制成功了用国产半导体做元件的第一台通用电子计算机

441B/I。1970 年初，441B/III 问世，这是我国第一台具有分时操作系统和汇编语言、Fortran 语言及标准程序库的计算机。

（3）第三代电子计算机（1973—20 世纪 80 年代初）

1973 年，中国开始了第二代计算机向第三代计算机过渡的时期。这一时期计算机逐渐从军事应用扩展到国民经济建设方面，承担了科学计算、数据处理、工业过程控制、数据采集、信息和事物处理等方面的工作。1974 年，成功研制出采用集成电路的 DJS-130 小型计算机，运算速度达每秒 100 万次。同时，这一时期计算机逐步发展成为集大、中、小、微型计算机共同发展的趋势。

（4）第四代电子计算机（20 世纪 80 年代中期至今）

1984 年由 13 家工厂生产的"长城 0520CH"计算机标志着中国微型计算机步入了产业化道路。1987 年"长城 286"推出，1988 年"长城 386"推出，1990 年"长城 486"推出。与此同时，联想品牌也推出了从 386 到奔腾系列，1996 年联想电脑击败了国外品牌机的竞争，稳居国内市场第一名。

此外，高性能计算机研制取得了举世瞩目的成就。1983 年，研制成功运算速度达每秒上亿次的银河-I 巨型机，这是我国研制高速计算机的一个重要里程碑；1992 年，研制出银河-II 通用并行巨型机，峰值速度达每秒 4 亿次浮点运算（相当于每秒 10 亿次基本运算操作）；1993 年，研制成功曙光一号全对称共享存储多处理机，这是国内首次以基于超大规模集成电路的通用微处理器芯片和标准 UNIX 操作系统设计开发的并行计算机；1995 年，推出了国内第一台具有大规模并行处理机（MPP）结构的并行机曙光 1000（含 36 个处理机），峰值速度每秒 25 亿次浮点运算；1997 年，国防科大研制成功银河-III 百亿次并行巨型计算机系统，峰值性能为每秒 130 亿次浮点运算；1999 年，神威 I 计算机通过了国家级验收，峰值运算速度达每秒 3840 亿次；2000 年，推出每秒 3000 亿次浮点运算的曙光 3000 超级服务器；2001 年，中科院计算所研制成功我国第一款通用 CPU——"龙芯"芯片。

任务二　计算机的分类与特点

1. 计算机的分类

（1）按原理分类

可分为数字计算机（Digital Computer）和模拟计算机（Analgoue Computer）两大类。数字计算机通过电信号的有无（即"0"和"1"）来表示数，模拟计算机用电压表示数据。

① 数字计算机：速度快、精度高、自动化、通用性强。

② 模拟计算机：用模拟量作为运算量，速度快、精度差。

（2）按用途分类：可分为专用计算机与通用计算机。专用计算机是专为解决某一特定问题而设计制造的电子计算机，一般拥有固定的存储程序。如控制轧钢过程的轧钢控制计算机、计算导弹弹道的专用计算机等。通用计算机是指各行业、各种工作环境都能使用的计算机。

① 专用计算机：针对性强、特定服务、专门设计；速度快、可靠性高，且结构简单、价格便宜。

② 通用计算机：用于科学计算、数据处理、过程控制，可解决各种问题。

（3）按规模分类：电子计算机就其规模或系统功能而言，可分为巨型、大型、中型、小型、微型计算机和单片机。这些类型之间的基本区别通常在于其体积、结构复杂程度、功率消耗、性能指标、数据存储容量、指令系统和设备、软件配置等方面的不同。

① 巨型机：速度快、容量大。

② 大型机：速度快、应用于军事技术科研领域。

③ 小型机：结构简单、造价低、性能价格比突出。

④ 微型机：体积小、重量轻、价格低。

2. 计算机的特点

（1）运算速度快、精度高。计算机能以极快的速度进行计算。目前普通的微型计算机每秒钟可运行几十万条指令，而巨型机则达到每秒几亿次甚至几百万亿次。速度之快，是其他任何工具无法比拟的。

（2）具有存储与记忆能力。计算机的存储器类似于人的大脑，可以"记忆"（存储）大量的数据和计算机程序。

（3）具有逻辑判断能力。具有可靠的逻辑判断能力是计算机能实现信息处理自动化的重要原因。能进行逻辑判断，使计算机不仅能对数值数据进行计算，也能对非数值数据进行处理，使计算机能广泛应用于非数值数据处理领域，如信息检索、图形识别以及各种多媒体应用等。

（4）自动化程度高。计算机能在程序控制下自动、连续、高速地运算。由于采用存储程序控制的方式，因此一旦输入编制好的程序，计算机启动后，就能自动地执行操作直至完成任务。一般不需要人直接干预运算、处理和控制过程。

微型计算机除了上述特点外，还具有体积小、重量轻、耗电少、维护方便、易操作、功能强、使用灵活、价格低等特点。计算机还能代替人做许多复杂繁重的工作。

任务三　计算机的应用

计算机技术作为科技的先导技术，发展日新月异，超级并行计算机技术、高速网络技术、多媒体技术、人工智能技术等相应渗透到人类生产和生活的各个领域，对工业和农业都有极其重要的影响。计算机的应用范围归纳起来主要有以下 6 个方面。

1. 科学计算

科学计算也称数值计算，是指应用计算机处理科学研究和工程技术中所遇到的数学问题。现代科学和工程技术中，经常会出现大量复杂的数学计算问题，尤其是在导弹实验、卫星发射、灾情预测等领域，其特点是数据量大、计算工作复杂。这些问题用一般的计算工具来解决非常困难，而用计算机来处理非常容易。所以，计算机是发展现代尖端科学技术必不可少的重要工具。

2. 数据处理

数据处理是系统工程和自动控制的基本环节。现在常用来指在计算机上计算、管理和操纵非科技工程方面的，任何形式的数据。数据处理应用领域十分广泛，如企业管理、情报检索、气象预报、飞机订票、防空警戒等。据统计，目前在计算机应用中，数据处理所占的比重最大。数据处理的特点是要处理的原始数据量很大，而运算比较简单，有大量的逻辑运算与判断，其处理结果往往以表格或文件形式存储或输出。

3. 过程控制

采用计算机对连续的工业生产过程进行控制，称为过程控制。在电力、冶金、石油化工、机械等工业部门采用过程控制，可以提升劳动效率，提高产品质量，降低生产成本，缩短生产周期。

4. 计算机辅助设计

计算机辅助设计（CAD）是使用电子计算机来帮助设计人员进行设计。使用 CAD 技术可以提高设计质量，缩短设计周期，提高设计自动化水平。CAD 技术已广泛应用于船舶设计、飞机制造、建筑工程设计、大规模集成电路版图设计、机械制造等行业。CAD 技术迅速发展，其应用范围日益扩大，又派生出许多新的技术分支，如计算机辅助制造（CAM）、计算机辅助测试（CAT）、计算机辅助教育（CAI）等。

5. 人工智能

人工智能是计算机科学的一个分支，是研究计算机软硬件系统的工作原理与工作过程，从而模拟人类某些智能行为，如感知、推理、学习、理解等的理论和技术。其中，最具有代表性的两个领域是专家系统和机器人。

6. 多媒体应用

多媒体计算机的主要特点是集成性和交互性，即集文字、声音、图像等信息于一体，并使双方能通过计算机交互。多媒体技术的发展大大拓宽了计算机的应用领域，视频和音频信息的数字化使计算机逐步走向家庭，走向个人。多媒体技术为人和计算机提供了传递自然信息的途径，目前已开始用于教育、演示、咨询、管理、出版、办公自动化等方面。多媒体技术的发展和成熟，将为人们的学习、工作和生活建立新的方式，增添新的风采。

项目二　计算机的信息表示

学习目标：

1. 了解计算机的四种常用数制；
2. 掌握数制间的相互转换；
3. 了解计算机的存储单位及之间的关系。

任务四　　计算机常用数制

计算机领域中通常所使用的数制有 4 种：二进制、八进制、十进制和十六进制。无论使用哪种进制，数值的表示都包含数码与两个基本要素：基数和位权。

（1）数码：一种用来表示某种数制的符号。

十进制：0，1，2，3，4，5，6，7，8，9

二进制：0，1

八进制：0，1，2，3，4，5，6，7

十六进制：0，1，2，3，4，5，6，7，8，9，A，B，C，D，E，F

（2）基数：数制所用的数码个数。如果基数为 R，则称为 R 进制。规则：逢 R 进一。

（3）位权：数制中每个位置所对应的单位值。R 进制中第 n 位的位权值为 R^{n-1}。表 1-1 为计算机中常用的四种进位数制的表示方法。

表 1-1　　　　　　　　　　　　计算机中常用的四种进位数制的表示

进位数	二进制	八进制	十进制	十六进制
数码	0，1	0~7	0~9	0~9，A~F
基数	R = 2	R = 8	R = 10	R = 16
位权	2^i	8^i	10^i	16^i
运算规则	逢 2 进一	逢 8 进一	逢 10 进一	逢 16 进一
英文代码	B（Brinary）	O（Octal）	D（Decimal）	H（Hexadecimal）
表示方法	101.01_2 101.01B	237.5_8 237.5O	123.9_{10} 或 123.9 123.9D	$4AF.9_{16}$ 4AF.9H

表 1-2 表示各数制之间的对应关系。

表 1-2 各数制间的对应关系

十进制数	二进制数	八进制数	十六进制数
0	0	0	0
1	1	1	1
2	10	2	2
3	11	3	3
4	100	4	4
5	101	5	5
6	110	6	6
7	111	7	7
8	1000	10	8
9	1001	11	9
10	1010	12	A
11	1011	13	B
12	1100	14	C
13	1101	15	D
14	1110	16	E
15	1111	17	F

任务五　数制间的转换

子任务一　将非十进制数转换成十进制数

任务分析：利用按位权展开的方法，可以把任意数制的一个数转换成十进制。

例 1：将二进制数 10111.1 转换成十进制数。

$(110101)_2 = 1 \times 2^5 + 1 \times 2^4 + 0 \times 2^3 + 1 \times 2^2 + 0 \times 2^1 + 1 \times 2^0 = 32 + 16 + 4 + 1 = 53$。

例 2：将二进制数 101.101 转换成十进制数。

$(10111.1)_2 = 1 \times 2^4 + 0 \times 2^3 + 1 \times 2^2 + 1 \times 2^1 + 1 \times 2^0 + 1 \times 2^{-1} = 16 + 4 + 2 + 1 + 0.5 = 23.5$。

例 3：将八进制数 777 转换成十进制数。

$(777)_8 = 7 \times 8^2 + 7 \times 8^1 + 7 \times 8^0 = 448 + 56 + 7 = 511$。

例 4：将十六进制数 BA 转换成十进制数。

$(BA)_{16} = 11 \times 16^1 + 10 \times 16^0 = 176 + 10 = 186$。

子任务二　十进制数转换成非十进制数

任务分析：将十进制数转换成非十进制数时，整数部分和小数部分分别处理，总的原则是：

整数部分：除基取余，反向排列；小数部分：乘基取整，正向排列。

例 1：将十进制数 215 转换成二进制数。

任务分析：十进制整数转换成二进制整数，采用"除 2 取余，自下而上"法。

步骤 1：保留十进制整数除以 2 所得的第一个商数和余数。

步骤 2：用上次的商数再除以 2，得到新的商数和余数。

步骤 3：重复步骤 2，直到商为 0 为止。

步骤 4：把每次得到的余数按反向进行排列，得到的数即为二进制数。

解：

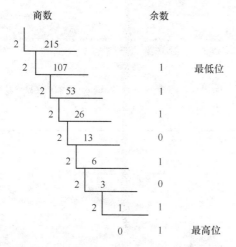

	商数	余数	
2	215		
2	107	1	最低位
2	53	1	
2	26	1	
2	13	0	
2	6	1	
2	3	0	
2	1	1	
	0	1	最高位

所以 215=（11010111）$_2$

例2：将十进制小数 0.6875 转换成二进制小数。

任务分析：十进制小数转换成二进制小数采用"乘 2 取整，自上而下"法。

步骤1：十进制小数乘以 2 得到整数部分和小数部分。

步骤2：2 乘以上次所得的小数部分，得到新的整数与小数部分。

步骤3：重复步骤 2，直到所得小数部分为 0 或达到要求的精度为止。

步骤4：将每次相乘所得的整数部分正向排列，得到的数即为二进制数。

解：

	整数	
		0.6875
		× 2
最高位	1	0.3750
		× 2
	0	0.7500
		× 2
	1	0.5000
		× 2
最低位	1	0.0000

所以 0.6875=（0.1011）$_2$

例3：将十进制小数 0.2 转换成二进制小数（取小数点后 5 位）。

解：

	整数	
		0.2
		× 2
	0	0.4
		× 2
	0	0.8
		× 2
	1	0.6
		× 2
	1	0.2
		× 2
	0	0.4

所以 0.2=（0.00110）$_2$。

> **注意**
>
> ※不是每个十进制小数都能完全精确地转换成二进制小数，一般根据精度要求截取到某一位小数即可。
>
> ※要将任意一个十进制数转换为二进制数，只需将其整数、小数部分分别转换，然后用小数点连接起来即可。

例 4：将十进制数 845.35 转换成八进制数。

解：（1）先转换整数部分。

```
8 | 845        余数
8 | 105    5    最低位
  8 | 13    1
    8 | 1    5
      0    1    最高位
```

（2）再转换小数部分。

```
整数          0.35
         ×      8
  2          0.8
         ×      8
  6          0.4
         ×      8
  3          0.2
```

所以 845.35=（1515.263）$_8$。

例 5：将十进制数 58.75 转换成十六进制数。

解：（1）先转换整数部分。

```
16 | 58        余数
  16 | 3    A    低位
     0    3    高位
```

（2）再转换小数部分。

```
              0.75
整数    ×      16
  C        12.00
```

所以 58.75=（3A.C）$_{16}$。

子任务三 二进制数、八进制数及十六进制数之间的相互转换

任务分析：用二进制数编码，存在这样一个规律：n 位二进制数最多能表示 2^n 种状态，分别对应：0，1，2，3，…，2^n-1。可见，用三位二进制数就可对应表示一位八进制数。同样，用四位二进制数就可对应一位十六进制数。

例 1：将二进制数 11101010011.10101 转换成八进制数。

解：按上述方法，从小数点开始，整数部分向左，小数部分向右，每三位二进制数划分为一

组。不足三位的补零凑齐。

011，101，010，011．101，010

故（11101010011.10101）$_2$=（3523.52）$_8$。

例 2：将八进制数 455.57 转换成二进制数。

解：每位八进制数转换为三位二进制数。由此 455.57 对应于：

100101101.101111

故（455.57）$_8$=（100101101.101111）$_2$

例 3：将二进制数 11111101011011.101111 转换成十六进制数。

解：从小数点开始，整数部分向左，小数部分向右，每四位二进制数划分为一组。不足四位的补零凑齐。

0011，1111，0101，1011.1011，1100

故（11111101011011.101111）$_2$=（3F5B.BC）$_{16}$

例 4：将 7AF.A3 转换成二进制数。

解：每位十六进制数转换为四位二进制数。由此 7AF.A3 对应于：

11110101111.10100011

故（7AF.A3）$_{16}$=（11110101111.10100011）$_2$

注意

十进制数与八进制数及十六进制数之间的转换可以通过除基数（8 或 16）取余的方法直接进行，也可以借助二进制作为桥梁来完成。

任务六　了解计算机存储单位

1. 位（bit）

位是计算机中最小存储单位，通常用 "b" 来表示。例如，1010 为 4 位数（4b）。

2. 字节

字节是计算机中用来表示存储空间的最基本单位，通常用 "B" 来表示。一个字节由 8 位二进制数组成。1B=8b。除用字节为单位表示存储容量外，还可以用千字节（KB）、兆字节（MB）、吉字节（GB）及太字节（TB）等表示存储容量。它们之间的换算关系如下。

1KB=2^{10}B=1024B；　　　　1MB=2^{10}KB=1024KB；

1GB=2^{10}MB=1024MB；　　　1TB=2^{10}GB=1024GB。

3. 字和字长

在计算机中作为一个整体被存取、传送和处理的二进制字符串叫做字（Word）或单元。每个字中二进制位数的长度，称为字长。一个字由若干个字节组成，不同的计算机系统的字长是不同的，常见的有 8 位、16 位、32 位、64 位等。字长越长，计算机一次处理的信息就越多，精度就越高，字长是计算机性能的一个重要指标。

项目三　计算机的组成与工作原理

学习目标：

1. 了解计算机系统的组成；

2. 掌握计算机硬件系统及软件系统的组成及作用；

3. 搞清存储程序的工作原理。

计算机系统包括硬件（Hardware）和软件（Software）系统。硬件是指组成计算机的各种物理装置，它们是由各种实在的器件组成。软件是指控制计算机运行，或者根据实际需要而让计算机完成指定任务的各种程序。从广义上讲，软件系统包括运行、维护、管理和应用计算机的所有程序和文档资料。

通常，未装任何软件的计算机称为"裸机"。如果计算机中没有任何软件，计算机硬件的作用就不能得到充分有效的发挥。当然，没有硬件的支持，软件同样不能发挥其作用。也就是说，硬件是软件工作的基础，软件则是硬件功能的扩充和完善。硬件和软件相辅相成，相互依存，二者结合起来构成一个有机的整体，这就是计算机系统。

任务七 计算机硬件系统

1. 冯·诺依曼计算机结构

美籍匈牙利数学家冯·诺依曼最早提出了计算机基本结构和工作方式的设想，这为计算机的诞生和发展提供了理论基础。冯·诺依曼体系结构，概括起来有以下三点。

（1）用二进制形式表示数据和指令。

（2）程序和数据一样存放在存储器中。

（3）计算机硬件系统由运算器、控制器、存储器、输入设备和输出设备五大基本部分组成。

2. 计算机基本硬件的组成与功能

（1）运算器

运算器也称算术逻辑部件（ALU），是执行各种算术和逻辑运算操作的部件。运算器的基本操作包括加、减、乘、除四则运算，与、或、非、异或逻辑操作，以及移位、比较和传送等操作。

（2）控制器

控制器（Controller）是计算机的"神经中枢"，负责统一指挥和控制计算机各部分的联系，从而保证计算机按照预先存储的程序和预定的目标有条不紊地进行工作。通常由指令部件、时序部件及控制部件组成。

运算器和控制器之间有大量频繁的信息交换。通常它们集成在一个半导体芯片上，称为中央处理器（Central Processing Unit，CPU）。

（3）存储器

存储器（Memory）是计算机具有记忆能力的部件，用来存放程序和数据。存储器有内存（主存）和外存（辅存）之分。内存由半导体材料制成，而外存是由磁性材料或光学材料组成。

内存也被称为内存储器，包括随机存储器、只读存储器、高速缓冲存储器等。

随机存储器（Random Access Memory，RAM）可以完成读、写两种操作读取数据和写入数据。当机器电源未保存关闭时，未保存的数据就会丢失。只读存储器（Read Only Memory，ROM）只能完成读出操作，不能完成写入操作。在制造 ROM 的时候，信息（数据或程序）就被存入磁盘并永久保存。即使机器停电，这些数据也不会丢失。所以 ROM 一般用于存放计算机的基本程序和数据，如 BIOS ROM。高速缓冲存储器（Cache）在计算机存储系统的层次结构中，介于 CPU和主存储器之间，是一个读写速度比内存更快的存储器。

外存，即计算机外部存储器，存放当前暂时不用的程序和数据信息。外存储器存储量大，价格便宜，但是存取速度相对较慢，因为外存中的信息必须调入内存才可被 CPU 执行。

存储器采取按地址存（写）取（读）的工作方式。一个内存包含若干存储单元，为了能有效地存取某单元存储的内容，每个单元必须有唯一的编号来标识。这种编号称为内存"地址"。

（4）输入设备

输入设备（Input Device）是用来向计算机系统输入程序和数据的设备。输入设备的主要功能是接收用户输入的原始数据和程序，并将它们转换为计算机能识别的形式，存放到存储器中。最常用的输入设备有鼠标和键盘，其他还有光笔、扫描仪、视频摄像机、图形板等。

（5）输出设备

输出设备（Output Device）是输出计算机处理结果的设备。在大多数情况下，输出设备是把存放在计算机内存中的计算结果或工作内容转换为人们所能接受的形式。常用的输出设备有显示器、打印机、音箱、绘图仪等。

在上述 5 个硬件中，运算器和控制器合称为 CPU；CPU 与内存合称为主机；输入设备和输出设备合称为计算机的外部设备，又称为 I/O 设备。

任务八　存储程序的工作原理

1. "存储程序"原理

在计算机中设置存储器，将二进制表示的计算机步骤和数据一起存放在存储器中，机器一旦启动，就能按照程序指定的逻辑顺序依次取出存储内容进行译码和处理，自动完成由程序所描述的处理工作。

2. 指令和程序的概念

指令是让计算机完成某个操作所发出的代码，是计算机完成某个操作的依据。一条指令通常由两个部分组成：操作码和操作数。操作码是指该指令要完成的操作，如加、减、乘、除等。操作数是指参加运算的数或数所在的单元地址。一台计算机上所有指令的集合，称为该计算机的指令系统。

3. 程序的执行过程

计算机在运行时，CPU 从内存读出一条指令到 CPU 内执行，指令执行完，再从内存读出下一条指令到 CPU 内执行。CPU 不断地取指令，执行指令，这就是程序的执行过程。

总之，计算机的工作就是执行程序，即自动连续地执行一系列指令，而程序开发人员的工作就是编制程序。一条指令的功能虽然是有限的，但是一系列指令组成的程序可完成的任务是无限多的。

任务九　计算机软件系统

计算机软件是指能指挥计算机工作的程序和程序运行时所需要的数据，以及与这些程序和数据有关的文字说明和图表资料。其中，文字说明和图表资料又称为文档。

从第一台计算机上第一个程序出现到现在，计算机软件已经发展成为一个庞大的系统。从应用角度看，软件系统可分为系统软件和应用软件。

1. 系统软件

系统软件是指管理、监控和维护计算机资源（包括硬件和软件）的软件。它与具体的应用无关，是软件系统的核心。

常见的系统软件有操作系统、程序设计语言及各种工具软件等。

（1）操作系统

操作系统（Operating System，OS）是管理、控制和监督计算机软、硬件资源协调运行的程序系统。由一系列具有不同控制和管理功能的程序组成，它是"裸机"上的第一层软件，是系统软件的核心。

操作系统的主要目的有两个。一是用作用户和计算机的接口。比如用户键入一条简单的命令就能自动完成复杂的功能，这就是操作系统帮助的结果；二是统一管理计算机系统的全部资源，合理组织计算机工作流程，以便充分、合理地发挥计算机的效率。

操作系统通常包括下列五大功能模块。

① 处理器管理：当多个程序同时运行时，解决处理器（CPU）时间的分配问题。

② 作业管理：完成某个独立任务的程序及其所需的数据组成一个作业。作业管理的任务主要是为用户提供一个使用计算机的界面，使其方便地运行自己的作业，并对所有进入系统的作业进行调度和控制，尽可能高效地利用整个系统的资源。

③ 存储器管理：为各个程序及其使用的数据分配存储空间，并保证它们互不干扰。

④ 设备管理：根据用户提出使用设备的请求进行设备分配，同时随时接收设备的请求（称为中断），如要求输入信息。

⑤ 文件管理：主要负责文件的存储、检索、共享和保护，为用户进行文件操作提供方便。

（2）程序设计语言及语言处理程序

程序设计语言是用户用来编写程序的语言，它是人与计算机之间交换信息的工具。程序设计语言主要有高级语言和机器语言。

对于高级语言来说，翻译的方法有两种："解释"和"编译"。"解释"是逐条对源程序语句进行解释和执行，它不保留目标程序代码，即不产生可执行文件。这种方式速度较慢，每次运行都要经过"解释"，边解释边执行。

"编译"是调用相应语言的编译程序，把源程序变成目标程序（以.OBJ 为扩展名），然后再用连接程序，把目标程序与库文件相连接形成可执行文件。这种方式速度较快，运行程序时只要键入可执行程序的文件名，再按 Enter 键即可。

（3）工具软件

工具软件有时又称服务软件，它是开发和研制各种软件的工具。常见的工具软件有诊断程序、调试程序、编辑程序等。

① 诊断程序：也称为查错程序，它的功能是诊断计算机各种部件能否正常工作，因此，它是面向计算机维护的一种软件。

② 调试程序：主要用于对程序进行调试。它是程序开发者的重要工具，特别是对于大型程序，显得更为重要。例如，Debug 就是一般 PC 机系统中常用的一种调试程序。

③ 编辑程序：它主要用于输入、修改、编辑程序或数据。

2. 应用软件

为解决各类实际问题而设计的程序系统称为应用软件。从服务对象的角度，应用软件可分为通用软件和专用软件两类。

（1）通用软件

通用软件通常是为解决某一类问题而设计的，而这类问题是很多人都要遇到和解决的。例如：文字处理、表格处理、演示文稿等软件。

（2）专用软件

在市场上可以买到通用软件，但有些具有特殊功能和满足特殊需求的软件是无法买到的。比如某个用户希望有一个程序能自动控制车床，同时也能将各种事务性工作集成起来统一管理。因为它对于一般用户太特殊了，所以只能专门开发。当然开发出来的这种软件也只能用于这种特殊的情况。

3. 计算机语言的发展

计算机语言（Computer Language）指用于人与计算机之间通信的语言。计算机语言是人与计算机之间传递信息的媒介。

计算机语言的发展过程是其功能不断完善，且描述问题的方法愈加贴近人类活动规律的过程。其发展过程一般可分为以下几个阶段。

（1）第一代语言——机器语言

机器语言是以二进制代码表示的指令集合，是计算机唯一能识别和执行的语言。其优点是占用内存少，执行速度快；缺点是属于面向机器的语言，通用性差，而且指令代码是二进制形式，不易阅读和记忆，编程工作量大，难以维护。

（2）第二代语言——汇编语言

汇编语言是用助记符来表示机器指令的符号语言。它比机器语言易学易记，但同机器语言一样，随机而异，通用性差。

由于计算机只能识别用二进制数表示的机器语言程序，因此，用汇编语言编写的源程序必须先用汇编语言处理程序，将其翻译成机器能执行的目标程序，然后才能供机器执行。这一翻译加工过程称为汇编。

（3）第三代语言——高级语言

高级语言是一种接近人们习惯使用的自然语言和数学语言的计算机语言。其通用性强，可以在不同的机器上运行，并且使程序简短易读，便于维护，它极大地提高了程序设计的效率和可靠性。自20世纪50年代中期问世以来，全世界已有数百种高级语言，常用的高级语言有以下几种。

① C语言。C语言是一种面向过程的结构化程序设计语言，它既具有高级语言的特点，又具有汇编语言的特点。其显著特点是代码及数据的分隔化，即程序的各个部分除了必要的信息交流外彼此独立。这种结构化方式可使程序层次清晰，便于使用、维护以及调试。C语言具有各种各样的数据类型，并引入了指针概念，可使程序效率更高，而且计算功能、逻辑判断功能也比较强大。

② C++语言。C++语言是一种面向对象的程序设计语言，它是在C语言的基础上发展而来，但比C语言更容易为人们学习和掌握。继承性和多态性是面向对象语言的两个重要特性。继承就是在一个已存在的类的基础上建立一个新的类。C++引入了面向对象的概念，使得开发人机交互类型的应用程序更为简单、快捷。很多优秀的程序框架包括MFC、QT、wxWidgets使用的都是C++语言。

③ Java语言。Java是一种可以撰写跨平台应用软件的面向对象的程序设计语言。Java技术具有卓越的通用性、高效性、平台移植性和安全性，广泛应用于PC、数据中心、游戏控制台、科学超级计算机、移动电话和互联网。它继承了C++语言面向对象技术的核心，舍弃了C语言中容易引起错误的指针（以引用取代）、运算符重载、多重继承（以接口取代）等特性。

Java不同于一般的编译执行计算机语言和解释执行计算机语言，它首先将源代码编译成二进制字节码（bytecode），然后依赖各种不同平台上的虚拟机来解释执行字节码，从而实现了"一次编译、到处执行"的跨平台特性。

④ SQL 语言。结构化查询语言（Structured Query Language，SQL）是一种数据库查询和程序设计语言，用于存取数据以及查询、更新和管理关系数据库系统，同时也是数据库脚本文件的扩展名。SQL 包含 3 个部分：数据定义语言、数据操作语言和数据控制语言。

⑤ C#语言。C#是一种最新的、面向对象的编程语言。它使得程序员可以快速地编写各种基于 Microsoft.net 平台的应用程序。Mircosoft.net 提供了一系列的工具和服务来最大程度地利用于计算与通信领域。

项目四　计算机病毒与安全防范

学习目标：

1. 了解计算机病毒特征；
2. 掌握安全使用计算机的基本方法；
3. 养成良好使用计算机的习惯。

任务十　计算机病毒

1. 计算机病毒的含义

计算机病毒是编制者在计算机程序中插入的破坏计算机功能或者数据，影响计算机使用并且能够自我复制的一组计算机指令或者程序代码。

2. 计算机病毒的特点

（1）传染性

传染性，即自我复制能力，是计算机病毒最根本的特征，也是病毒和正常程序的本质区别。计算机病毒具有很强的繁殖能力，能通过自我复制传染到内存、硬盘、软盘，甚至所有文件中。尤其目前 Internet 日益普及，不同地域的用户可以共享软件资源和硬件资源，但与此同时，计算机病毒也通过网络蔓延到联网的其他计算机系统。

（2）破坏性

计算机病毒的主要目的是破坏计算机系统，使计算机系统的资源和数据文件遭到干扰，甚至被严重破坏。根据破坏程度的不同，计算机病毒分为良性病毒和恶性病毒。前者侵占系统资源，占用磁盘空间，使机器运行速度变慢等；后者直接对系统造成严重的损坏，如破坏数据、删除文件、格式化磁盘、破坏主板等。

（3）潜伏性

计算机病毒的潜伏性是指计算机病毒进入系统并开始破坏数据的过程不易被用户察觉的特性，这种潜伏性又是难以预料的。计算机病毒一般依附于某种介质中，有的病毒可以在几周或几个月内存在而不被人们发现。在此期间，系统的备份设备复制病毒程序并送到其他部位。计算机病毒的潜伏性与传染性相辅相成，潜伏性越好，病毒在系统内存在的时间就越长，传染范围就越大。当用户发现病毒时，系统已被感染，系统资源已经被破坏。

（4）寄生性

计算机病毒一般不独立存在，而是寄生在磁盘系统区或文件中。侵入磁盘系统的病毒成为系统型病毒，其中较常见的是引导区病毒，如大麻病毒、2078 病毒等。寄生于文件中的病毒称为文件型病毒，如以色列病毒（黑色星期五）等。还有一类既寄生于文件中又侵占系统区的病毒，如"幽灵"病毒和 Flip 病毒等，属于混合型病毒。

（5）激发性

计算机病毒的激发性是指计算机病毒的发作一般都有一个激发条件，即只有在一定的条件下，病毒才开始发作。激发条件根据病毒编制者的要求，可以是日期、时间及特定程序的运行或程序的运行次数等。

（6）隐蔽性

计算机病毒具有很强的隐蔽性，有的可以通过病毒软件检查出来，有的根本就查不出来，有的时隐时现、变化无常，这类病毒处理起来通常很困难。

任务十一　计算机安全防范

1．计算机病毒的预防

预防计算机病毒就像人类预防传染病一样，堵塞计算机病毒传播渠道是防止计算机病毒传染的最有效方法。堵塞病毒传播渠道的有效措施有以下几个方面。

（1）杀毒软件经常更新，以快速检测到可能入侵计算机的新病毒。

（2）使用防火墙或者杀毒软件自带防火墙。

（3）定时全盘病毒木马扫描。

（4）注意网址正确性，避免进入恶意网站。

（5）不随意接受、打开陌生人发来的电子邮件，或通过 QQ 传递的文件或网址。

（6）使用正版软件。

（7）使用移动存储器前，最好先查杀病毒，然后再使用。

2．计算机病毒的清除

一旦发现计算机染上病毒后应及时清除。清除病毒的方法有两种：一是使用软件清除；二是使用硬件方法，利用防病毒卡检测和清除病毒。

目前，常用的杀毒软件有瑞星杀毒软件、江民杀毒软件、金山毒霸、卡巴斯基、诺顿杀毒及 360 安全卫士软件等。

3．使用计算机的良好习惯

（1）正常开关机。开机过程中不要随意再重启，关机不要直接关电源。另外，不要硬性拔出可移动磁盘。

（2）系统数据经常做备份，检查、杀毒后保存备用。

（3）正常安装和卸载程序。安装程序时应仔细阅读，不应盲目单击下一步，避免装入一些不必要的软件；正确使用卸载软件卸载程序，不应直接删除文件夹。

（4）定期升级防病毒软件和查杀病毒。

（5）具有防范意识。不要随意下载陌生邮件或打开不明网址。

（6）讲究卫生，文明用机。

拓展学习

字符集

字符是各种文字和符号的总称，包括各国文字、标点符号、图形符号、数字等。字符集是多个字符的集合，字符集种类较多，每个字符集包含的字符个数不同，常见字符集主要有 ASCII 字符集、GB2312 字符集、BIG5 字符集、 GB 18030 字符集、Unicode 字符集等。计算机要准确地处理各种字符集文字，就需要进行字符编码，以便计算机能够识别和存储各种文字。

1. ASCII 字符集

ASCII 即 American Standard Code for Information Interchange（美国信息交换标准码），是基于罗马字母表的一套电脑编码系统，它主要用于显示现代英语和其他西欧语言。它是现今最通用的单字节编码系统，等同于国际标准 ISO 646。扩展的 ASCII 共 256 个字符，包括英文大小写字符、阿拉伯数字和西文符号，回车键、退格、换行键，表格符号、计算符号、希腊字母和特殊的拉丁符号。

2. GB2312 字符集

GB2312 又称为 GB2312-80 字符集，全称为《信息交换用汉字编码字符集·基本集》，由原中国国家标准总局发布，1981 年 5 月 1 日实施，是中国国家标准的简体中文字符集。它所收录的汉字已经覆盖 99.75%的使用频率，基本满足了汉字的计算机处理需要。在中国大陆和新加坡广泛使用。

GB2312 中对所收汉字进行了"分区"处理，每区含有 94 个汉字/符号。这种表示方式也称为区位码。它是用双字节表示的，两个字节中前面的字节为第一字节，后面的字节为第二字节。习惯上称第一字节为"高位字节"，而称第二字节为"低位字节"。高位字节使用了 0xA1-0xF7（把 01-87 区的区号加上 0xA0），"低位字节"使用了 0xA1-0xFE（把 01-94 加上 0xA0）。

3. BIG5 字符集

BIG5 又称大五码或五大码，1984 年由台湾财团法人信息工业策进会和五家软件公司宏基（Acer）、神通（MiTAC）、佳佳、零壹（Zero One）、大众（FIC）创立，故称大五码。Big5 字符集共收录 13 053 个中文字。该字符集在中国台湾使用。

BIG5 码使用了双字节储存方法，以两个字节来编码一个字。第一个字节称为"高位字节"，第二个字节称为"低位字节"。高位字节的编码范围为 0xA1-0xF9，低位字节的编码范围为 0x40-0x7E 及 0xA1-0xFE。

4. GB18030 字符集

GB18030 的全称是 GB18030—2000《信息交换用汉字编码字符集基本集的扩充》，是我国政府于 2000 年 3 月 17 日发布的新的汉字编码国家标准。

GB18030 字符集标准解决了汉字、日文假名、朝鲜语和中国少数民族文字等组成的大字符集计算机编码问题。该标准的字符总编码空间超过 150 万个编码位，收录了 27 484 个汉字，覆盖中文、日文、朝鲜语和中国少数民族文字。满足中国大陆、香港、台湾、日本和韩国等东亚地区信息交换多文种、大字量、多用途、统一编码格式的要求。该字符集与 Unicode 3.0 版本兼容，填补 Unicode 扩展字符_字"统一汉字扩展 A"的内容，并且与以前的国家字符编码标准 GB2312、GB13000.1 兼容。

5. Unicode 字符集

Unicode 扩展自 ASCII 字符集。在严格的 ASCII 中，每个字符用 7 位表示，或者用电脑上普遍使用的 8 位表示，而 Unicode 使用全 16 位字符集。这使得 Unicode 能够表示世界上所有的书写语言中可能用于电脑通信的字元、象形文字和其他符号。

输入码、区位码、国标码及机内码

输入码就是用键盘输入汉字时的编码。我国现有数百种输入码，按输入码的编码规则大致可分为顺序码、音码、形码和音形码四类。比如，五笔字形输入法就是其中的形码。

按 GB2312 字符集中的规定，汉字与图形符号排列在一个 94×94 的二维代码表中，每两个字节分别用两位十进制数编码，前字节的编码称为区码，后字节的编码称为位码，这就是**区位码**。

国标码是汉字信息交换的标准码，是用十六进制数表示的编码，它可以由区位码转换为十六进制后加 2020H 得到。

机内码是汉字在内存中的存储码，它可以由国标码加 8080H 后而得到。

例：已知"保"字的国标码为 3123H，求其区位码及机内码。

解：区位码：3123H-2020H→1103H→1703D

机内码：3123H+8080H→B1A3H

习题一

一、填空题

1. 计算机的发展经历了____、____、____和____、____五个阶段。

2. 微机中控制器的作用是_____。

3. （215）$_D$=（   ）$_B$=（   ）$_Q$=（   ）$_H$。

4. （72.25）$_{10}$=（   ）$_2$=（   ）$_8$=（   ）$_{16}$。

5. （3F2）$_H$=（   ）$_B$=（   ）$_D$。

二、选择题

1. 世界上第一台计算机诞生于（   ）年。

    A. 1941 年　　　　　　B. 1946 年　　　　C. 1956 年　　　　D. 1940 年

2. 一个完整的计算机系统由（   ）组成。

    A. 运算器、控制器、存储器和输入输出设备

    B. 主机与外部设备

    C. 硬件系统与软件系统

    D. 主机箱、电源、显示器、鼠标和键盘

3. "Pentium Ⅲ 350"和"Pentium Ⅲ 450"中的数字 350 和 450 是指（   ）。

    A. 最大内存容量　　B. 最大运算速度　　C. 最大运算精度　　D. 时钟频率

4. 下列存储器中存储速度最快的是（   ）。

    A. 软盘　　　　　　B. 硬盘　　　　　　C. 光盘　　　　　　D. 内存

5. 微型计算机中运算器的功能是（   ）。

    A. 逻辑运算　　　　B. 算术运算　　　　C. 逻辑和算术运算　　D. 方程运算

6. CPU 不能直接访问的存储器是（   ）。

    A. ROM　　　　　　B. RAM　　　　　　C. Cache　　　　　　D. CD-ROM

7. 下列叙述中描述 RAM 特点的是（   ）。

    A. 可随机读写数据，断电后数据不会丢失

    B. 可随机读写数据，断电后数据全部丢失

    C. 顺序读写数据，断电后数据部分丢失

    D. 顺序读写数据，断电后数据全部丢失

8. 下列叙述正确的是（   ）。

    A. 世界上第一台计算机首次实现了"存储程序"方案。

  B. 按照计算机的规模，人们把计算机分为五个发展过程。

  C. 微型计算机最早出现于第三个阶段。

  D. 冯·诺依曼提出的计算机体系结构奠定了现代计算机结构的理论基础。

9. 微型计算机中控制器的基本功能是（ ）。

  A. 存储各种控制信号   B. 传输各种控制信号

  C. 控制系统各部件正确执行程序 D. 产生各种控制信号

10. 下列各数最小的数是（ ）。

  A. （110110）$_2$ B. （F3）$_{16}$ C. （72）$_{10}$ D. （64）$_8$

三、简答题

如何预防计算机病毒?

模块二
Windows XP 系统

学习导航：

本模块分 5 个项目 17 个任务，介绍 Windows XP 系统的基本操作，文件处理，配置与维护及常用附件的使用。

Windows XP 是 Microsoft 公司推出的纯 32 位桌面操作系统，它集 Windows 98/Me 的简单易用、Windows 2000 的优秀特征和安全技术于一身，并开发出许多新的功能。

XP 是 "Experience"（体验）的缩写，Windows XP 的重要目标就是要给用户一种全新的体验。Windows XP 主要有 4 种不同的版权：个人版权、专业版权、服务器版权和高级服务器版权。本书将以 Windows XP Professional，即专业版为基础，引领大家感受 Windows XP 带给我们的体验。

项目一　Windows XP 特点

学习目标：

1. 了解 Windows XP 系统的特点；
2. 掌握安装 Windows XP 系统的配置环境。

任务一　Windows XP 系统的主要特性

Windows XP 系统的主要特点是界面简洁、个性化，安全可靠、配置方便，文档安全及网络功能强，安装简单、操作简便等。

1. 全新的可视化设计

在保持 Windows 2000 内核的同时，Windows XP 还提供了一个全新的可视化设计。在这个操作系统中合并和简化了常见的任务，增加了新的可视化界面，以帮助用户使用计算机。

2. 安全性高

Windows XP 沿用了 Windows NT/2000 的一些高级安全设置，并在此基础上有所扩展。用户可借助加密文件系统（EFS）对重要文件进行加密，但要使用这项加密功能，存放待加密文件的分区必须是 NTFS 格式的。Windows XP 加入了 "Internet 连接防火墙"，进行动态数据包筛选，禁止所有源自 Internet 的未经同意的连接，从而保护了联网机器的资源不被非法访问和删改。

3. Internet 连接共享

Windows XP 可以为家庭或小型网络提供 Internet 的共享连接。通过 Internet 连接可以连接多台计算机。

4. 强大的系统还原性和兼容性

Windows XP 会在发生重大系统事件时自动创建还原点。系统出现问题时，允许用户将计算机还原到出现问题之前的状态，用户也可以自己创建和命名自己的还原点。

5. 支持丰富的媒体类型

在该系统中，整合了诸如防火墙、媒体播放器（Windows Media Player），即时通信软件（Windows Messenger）等多种媒体软件，便于用户灵活使用。同时，支持多种格式文件。

任务二　Windows XP 系统的基本配置环境

1. 安装 Windows XP 系统的配置环境

处理器（CPU）：推荐使用时钟频率为 300MHz（至少 233MHz）或者更高的处理器。比如 IntelPentium/Celeron 系列处理器，AMDK6/Athlon/Duron 系列处理器或兼容处理器。

内存：推荐使用 128MB 或者更多内存（至少 64MB）。

硬盘：1.5GB 的可用磁盘空间。

显示器：SVGA（800 像素 × 600 像素）或更高解析度的视频适配器和监视器。

其他设备：CD-ROM 或 DVD 驱动器、键盘和 Microsoft 鼠标或兼容的指针设备。

2. Windows XP 的桌面

启动操作系统成功后出现如图 2-1 所示的画面，这就是 Windows XP 的桌面。安装完 Windows XP 后，桌面上会出现"我的电脑"、"我的文档"、"回收站"等图标。当安装了其他软件或用户在桌面上建立快捷对象后，桌面上就会出现相应的图标，比如安装 Office 2010 之后，会出现 Microsoft Office Word 2010 的图标。

3. 注销与退出 Windows XP

选择桌面左下角的"开始""关机"命令，将打开如图 2-2 所示的"关闭计算机"对话框。该对话框提供以下操作。

图 2-1　Windows XP 桌面

图 2-2 Windows XP 关闭窗口

（1）单击 按钮，将关闭计算机。系统会关闭所有应用程序，退出 Windows XP，计算机会自动关闭电源。

（2）单击 按钮，将重新启动计算机。系统会关闭所有应用程序，退出 Windows XP，成功退出后，将会立即重新启动计算机。

（3）单击 按钮，可使计算机处于待机状态。待机是功耗最低的状态。按任意键、移动鼠标或单击鼠标即可激活计算机。待机状态下内存信息不会存到磁盘，所以一旦断电，则内存信息全部丢失。

（4）单击 取消 按钮，取消关闭计算机，返回原来状态。

> **注意**
>
> 　　计算机运行时，请不要关闭电源，否则可能丢失内存数据，并对硬盘造成很大的伤害，而且下次启动计算机时会出现硬盘检测状态。

项目二　Windows XP 的基本操作

学习目标:

1. 了解 Windows XP 的任务栏与开始菜单;
2. 了解 Windows XP 窗口及对话框;
3. 熟悉死机的一般处理方式。

了解 Windows XP 的基本操作,为学习其他软件的操作打下基础。因为 Windows XP 是一个标准的窗口软件,所以其他软件必须在 Windows XP 的支持下才能工作,也为其他软件提供统一的操作平台。Windows XP 的基本概念有任务栏、开始菜单、语言栏、窗口、对话框等。

任务三　任务栏和开始菜单

1. 任务栏

桌面的底端就是任务栏,如图 2-3 所示。

（1）任务栏简介

图 2-3　任务栏及其各区域位置分布

①"开始"按钮位于任务栏最左侧,单击该按钮,可以从中选择所需要的命令。几乎所有 Windows XP 的应用程序都可以从"开始"菜单中启动。

②"快速启动区"位于"开始"按钮的右侧,其中有常用程序的图标。单击其中的按钮即可启动相应的程序。

③"任务按钮区"位于"快速启动区"的右侧。每当启动一个程序或打开一个窗口时,系统都会在任务栏按钮区增加一个任务按钮。它可以切换该任务的活动和非活动状态。

④"输入法选择"按钮在"任务按钮区"的右侧。它提供输入法的切换,单击可选择相应的输入法。

⑤"通知区"位于任务栏最右侧。它显示正在运行的程序及运行状态。

（2）任务栏的操作

①"任务栏"的定位:用鼠标指向"任务栏"空白处,按下鼠标左键,拖曳到屏幕四边中的一个边,松开鼠标即可。

② 调整"任务栏"的大小:将鼠标移到"任务栏"的边缘,鼠标箭头变成双向型时按下左键,拖曳边缘到理想的大小,释放鼠标按键即可。

2. 开始菜单

单击任务栏上的"开始"按钮或"Ctrl+Esc"组合键,就可以打开 Windows XP 的"开始"菜单。Windows XP 的"开始"菜单的子菜单采用伸缩式,如图 2-4 所示。

图 2-4 "开始"菜单的子菜单

　　"开始"菜单中的主要项目有程序、文档、设置、搜索、运行等。

　　程序：选择系统已安装程序的快捷方式，可以启动相应的程序。

　　文档：显示用户最近处理过的各类文档，使用户能够方便地查看最近打开过的文档，并且可以直接打开。

　　设置：包括"控制面板"、"网络和拨号连接"、"打印机"及"任务栏和开始菜单"等菜单项，它们分别对系统、网络、打印机等设备进行安装和设置。

　　搜索：使用户能按要求查看文件、文件夹及网络上的计算机和用户。

　　运行：为用户提供命令行输入和执行的功能，输入相应的程序名、文件名、文件夹名，即可以打开指定的程序、文件、文件夹。

任务四　窗口和对话框

　　窗口是 Windows 系列操作系统及其应用程序图形化界面的最基本组成部分，它在外观、风格和操作上具有高度的统一性，虽然看上去有些千篇一律，但是极大地提高了系统的易用性。Windows 应用程序的窗口分成主窗口和子窗口，每一个应用程序都有一个主窗口，在主窗口内又可以包含子窗口、对话框等，子窗口内也可以创建子窗口。

1. 窗口的基本组成

　　窗口界面结构包括标题栏、菜单栏、工具栏、地址栏、工作区、状态栏、滚动条等几个部分。下面以"我的电脑"窗口为例（见图 2-5）说明 Windows XP 窗口的组成。

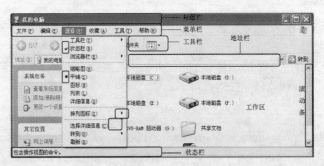

图 2-5　Windows XP 窗口组成

（1）标题栏：位于窗口的顶部，它由三部分组成：▉是本窗口的控制菜单按钮，单击它会弹出一个菜单，菜单中的命令用于控制窗口的状态；▉我的电脑▉是窗口标题名；▉▉▉三个按键是窗口的控制按钮，从左至右分别是最小化窗口按钮、最大化窗口按钮和关闭窗口按钮。

（2）菜单栏：在此条形区域中列出了可选用的菜单项，单击菜单项可打开对应的下拉菜单，它包含一组命令供选用。

这一组命令中，在菜单名后面的括号中有一个带下划线的字母，称为快捷键，当按住"Alt+字母"键时，就会打开相应的菜单；菜单名右面带▸的，鼠标停到菜单上，将会弹出一个级联菜单；菜单后面带···的，单击菜单，可以弹出一个对话框。菜单前面带✔的表示已选择的项目；菜单前面带•的表示单选。

（3）工具栏：一般是可选的，也可以是关闭的。工具栏中的每个图标对应下拉菜单中的一个常用命令，直接单击这些小图标就可快速完成命令，提高操作效率。比如▉对应"文件"菜单中的"保存"命令。▉对应"编辑"菜单中的"复制"命令。

（4）地址栏：表示对象所在的地址，可以输入新的地址，按回车键后，进入新的对象；也可以在下拉按钮中选择，并在工作区中反映新的内容。

（5）工作区：是用户对窗口的对象进行操作的空间，其内容是对象图标或文档内容，随窗口类型不同而改变。

（6）状态栏：在窗口的下端。不同的应用程序状态栏有很大的区别，但它的功能主要是显示与当前操作、当前系统状态有关的信息。

（7）滚动条：当窗口尺寸太小，窗口工作区域容纳不下要显示的内容时，工作区的右边或底边就会出现滚动条，主要有垂直滚动条和水平滚动条。每个滚动条两端都有一个流动箭头，两个滚动箭头之间有一个滚动块，移动滚动条可以移动工作区内容，使用户可以看到隐藏部分的内容。

2. 窗口的基本操作

窗口的基本操作包括窗口的移动、放大、缩小、切换、排列、关闭等。

（1）移动窗口

用鼠标拖动窗口标题栏，可以将窗口从一个位置移动到另一个位置。

（2）改变窗口大小

将鼠标指针指向窗口边框或窗口角，当指针变成双向箭头时拖动鼠标来调整窗口的大小。当鼠标为↕时，可调整窗口的宽度，当鼠标为↔时，可调整窗口的高度，当鼠标为↘或↗时，可同时调整宽度和高度。

（3）切换（激活）窗口

桌面上同时打开多个窗口时，总有一个窗口位于最上层，也就是用户当前使用的窗口，这样的窗口为活动窗口（也称为前台窗口），窗口的标题栏默认为深蓝色。其他窗口为非活动窗口（也称为后台窗口），其标题栏为灰色。活动窗口与非活动窗口可以用鼠标单击的方法进行相互切换。

注意

可以使用"Alt+Tab"键在打开的窗口间进行切换。

（4）排列窗口

窗口排列方法有层叠、横向平铺和纵向平铺三种。用鼠标右键单击任务栏空白处，弹出如图2-6所示的快捷菜单，即可选择窗口排列方式命令。

（5）关闭窗口

单击标题栏最右端的"关闭"按钮，即可关闭窗口，也可以双击窗口的控制菜单按钮，还可以按 Alt+F4 组合键直接关闭窗口。

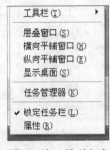

图 2-6 窗口排列方式

3. 对话框

对话框主要用于人机之间的相互对话与交流。它是 Windows 操作系统和用户进行信息交流的一个界面。

（1）对话框的组成如下。

① 标题栏　位于对话框的顶部。它的左端显示了对话框的名称，右端是标题栏的"帮助"按钮和"关闭"按钮，如图 2-7 所示。

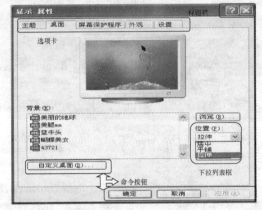

图 2-7　对话框的组成

② 选项卡　当一个对话框下的命令有多组可供选择的参数时，系统把所有相关的功能放在一张选项卡（又称标签）上，多张选项卡合并放在一个对话框中，如图 2-7 所示。

> **注意**
>
> 不同选项卡之间的切换可以使用组合键 Ctrl+Tab。

③ 命令按钮　单击命令按钮可立即执行一个命令，如果一个命令按钮呈灰色，表示该按钮不可用；如果一个命令按钮后跟有"…"，表示可打开另一个对话框；对话框中常见的是"确定"、"取消"和"应用"等交互按钮，如图 2-7 所示。

④ 单选按钮　单选按钮是一组相互排斥的选项，用来在一组选项中选择一个，且只能选择一个，如图 2-8 所示。

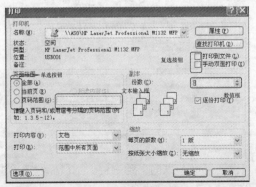

图 2-8　对话框的组成

⑤ 复选按钮 复选按钮是可以同时选择的选项。如图 2-8 所示。

⑥ 下拉列表框 单击矩形框右边的向下箭头时，用户可以从具有多项选择的下拉列表中选择一个选项，但不能修改或增加其中的内容，如图 2-7 所示。

⑦ 数值框 单击右边的三角箭头按钮，可以改变数值大小，也可以将插入点移到框内后输入数字，如图 2-8 所示。

⑧ 文本输入框 可以直接在框中输入文本内容，如图 2-8 所示。

注意

对话框与一般窗口的区别如下。

※对话框不能最大化、最小化，而一般窗口都可以。

※用途不同。对话框是人机对话的一个界面；一般窗口是显示应用程序、文件夹或文档的内容。

4. 剪贴板

"剪贴板"是 Windows 操作系统中应用程序内部和应用程序之间交换数据的工具，剪贴板是内存中的一段公用区域。通过它，用户可以将选定的文本、文件或图像"剪切"、"复制"到剪贴板的临时存储区中，然后"粘贴"到同一程序或不同程序所需的位置上。可以一次复制，多次粘贴。

任务五　死机的处理

死机是一种较常见的计算机故障，一般表现为：系统不能启动、显示黑屏、显示"凝固"、键盘不能输入、软件运行非正常中断等。导致电脑死机的原因通常有两种，一是硬件故障，二是软件故障。因此，掌握一定的方法，可以加快对死机故障原因的确认，从而轻松排除故障。

1. 操作原则

（1）先静后动：先分析考虑产生问题的原因，然后再动手操作。

（2）先外后内：先检查计算机外部电源、设备、线路，然后再开机箱。

（3）先软后硬：先从软件判断，然后再从硬件着手。

2. 常用检测方法

（1）清洁法。对于使用环境较差，或使用较长时间的机器，应首先进行清洁。可选工具为毛刷和橡皮擦。毛刷用来刷去主板、外设上的灰尘，橡皮擦用来擦去表面氧化层。

（2）直接观察法。包括看、听、闻、摸。"看"即观察系统板卡的插头、插座是否歪斜，电阻、电容引脚是否相碰，表面是否烧焦，芯片表面是否开裂等；"听"即监听电源风扇、硬盘电机、显示器变压器等设备的工作声音是否正常，是否有异常声响；"闻"即闻主机、板卡中是否有烧焦的气味，便于发现故障，确定短路所在地；"摸"即用手按压管座的活动芯片，用手触摸或靠近 CPU、显示器、硬盘等设备的外壳检测其温度。

项目三　Windows XP 文件管理和操作

学习目标：

1. 掌握资源管理器的使用；

2. 掌握文件与文件夹的基本概念；

3. 掌握文件与文件夹的操作。

任务六　资源管理器

资源管理器是组织和管理用户文件和文件夹及其他资源的工具,是一个功能强大的程序。它可以迅速地对磁盘文件和文件夹进行复制、移动、删除、查找等操作。

一、资源管理器的启动

可以用多种方法启动资源管理器。

方法一:单击"开始"菜单,选择"程序"→"附件"→"Windows 资源管理器"。

方法二:右击"开始"菜单,选择"Windows 资源管理器"。

方法三:右击"我的电脑"、"我的文档"、"网上邻居"或"回收站",选择"Windows 资源管理器"。

资源管理器窗口如图 2-9 所示。

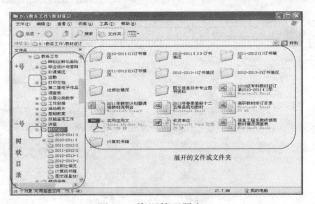

图 2-9　资源管理器窗口

说明:

(1)资源管理器工作区分为左右两个部分:左侧是计算机的树状目录,右侧是左侧指定的磁盘或文件夹的内容。

(2)对象的左边"+"标志说明该对象有下一级的子文件夹,单击"+"即可展开这个文件夹。

(3)对象左边的"-"标志说明该对象的下一级子文件夹已展开,单击"-"即可收缩文件夹。

二、资源管理器窗口显示方式的调整

1. 文件夹内容的显示方式

在"资源管理器"里,可以用"查看"下拉菜单中的命令来调整文件夹内容窗格的显示方式,可以看到 5 种显示方式:缩略图、平铺、图标、列表和详细信息,如图 2-10 所示。

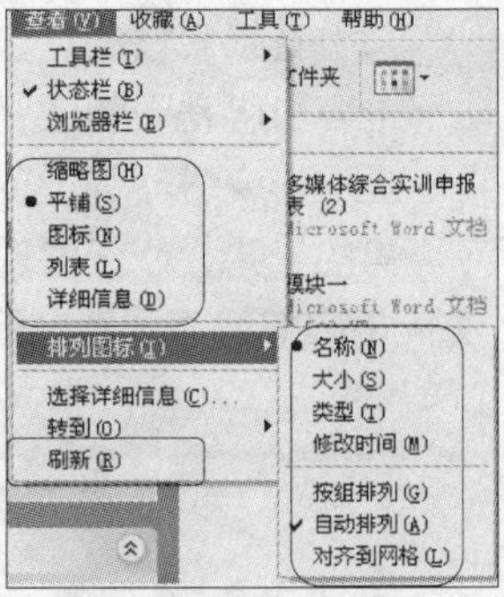

图 2-10　5 种查看方式

2. 图标的排列

"查看"菜单中的"排列图标"命令是一个级联菜单,可以对文件和文件夹有 4 种不同的显示次序:按名称、大小、类型和修改时间等,如图 2-10 所示。

3. 刷新

"查看"菜单中的"刷新"命令，可以刷新"资源管理器"左、右窗格的内容，使之显示最新的信息，如图 2-10 所示。

4. 文件夹选项

执行"工具"菜单下的"文件夹选项"命令，可以在其对话框中设置显示所有文件、隐藏文件、显示或隐藏文件扩展名、显示路径全名、查阅各类文件类型及其相应的图标，还可以设置桌面的风格，在同一窗口或不同的窗口浏览文件夹等，如图 2-11 所示。

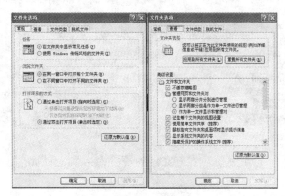

图 2-11　文件夹选项窗口

任务七　　文件和文件夹

文件和文件夹是资源管理器的基本元素。文件夹也称为目录，用来存放文件或子文件夹。文件是资源管理器中最小的单元。在树状结构中文件也被称为"叶子"，文件夹即"枝条"，如图 2-9 所示。

子任务一：文件及其类型

文件是一组相关信息的集合，由文件名标识进行区别。

文件按性质和用途可分为系统文件和用户文件；按文件的逻辑结构可分为流式文件和记录式文件；按信息的保存期限可分为临时文件、永久性文件和档案文件；按文件的物理结构可分为顺序文件、链接文件、索引文件、哈希文件和索引顺序文件；按文件的存取方式可分为顺序存取文件和随机存取文件。

子任务二：文件命名规定

Windows XP 允许使用长文件名，即文件名或文件夹名最多可使用 255 个字符。可以使用以下字符：

（1）英文字母 A~Z（不区分大小写）；

（2）数字 0~9；

（3）汉字；

（4）特殊符号如 $ # & @（）-[]^~等。

需要注意的是空格符、各种控制符和："|/\<>*？不能用在文件名中。

文件或文件夹名应尽可能"见名知义",看到名字就可大致明白所存储内容。

子任务三　文件管理方式

Windows XP 采用资源管理器管理文件和文件夹。良好的文件管理方式可以使自己在资源管理器中快速找到所需文件。

（1）文件或文件夹应按类进行归纳整理。比如教师可以建立教学工作、班主任工作等文件夹;打字员可以建立未完成、已完成等文件夹。

（2）文件夹里的数目不易过多或过少。每个文件夹里面有 50 个以内的文件数是比较容易浏览和检索的。如果超过 100 个文件,浏览和打开的速度就会变慢且不方便查看。这种情况下,就得考虑存档、删除一些文件,或将此文件夹分为几个子文件夹。另一方面,如果文件夹中长期只有少得可怜的几个文件,也建议将此文件夹合并到其他文件夹中。

（3）可以对文件设置级别。比如最常使用的可加"1"或"★"表示,次常使用的可加"2"或"★★"。

（4）对常使用的文件可以建立快捷方式。比如将常使用的文件建立快捷方式,并置于用户经常停留的地方。

（5）做好文件的备份。在非系统盘做好文件的备份,当系统崩溃的时候,可以及时恢复所用文件或文件夹。

子任务四　通配符与路径

通配符是一种特殊符号,主要有星号"*"和"?",用来模糊搜索文件。当查找文件或文件夹时,可以使用它来代替一个或多个真正字符;当不知道真正字符或者懒得输入完整名字时,常常使用通配符代替一个或多个真正的字符。

其中"?"代表一个字符,"*"代表多个字符。

路径就是文件或文件夹所在位置,包括盘符、文件夹名等,比如 c:/Windows/Fonts。

例 1：在计算机中查找所有的 doc 文件。

分析：这样的文件要求扩展名为 doc,主名任意。所以在搜索栏中输入"*.doc"进行查寻,如图 2-12 所示。

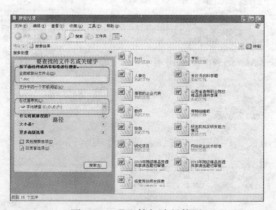

图 2-12　通配符与路径使用

例 2：查找文件主名为 3 个字符,且第一个字符为 a 的所有文件。

分析：这样的文件主名必须是 a??,扩展名任意。所以在搜索栏中输入"a??.*"进行查寻,如图 2-13 所示。

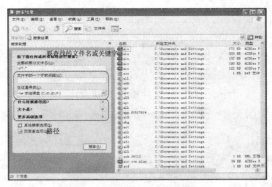

图 2-13　通配符与路径使用

任务八　文件和文件夹的操作

文件和文件夹的操作主要包括选定、新建、打开、移动与复制、删除、查找等。一般是在资源管理器或"我的电脑"中进行，在桌面上也可以实现一些操作。文件和文件夹的操作方式主要有以下几种。

- 快捷菜单　快捷菜单是实现文件和文件夹操作的最佳途径，因为快捷菜单上集中了指定位置或指定对象在当时可以实现的基本操作。
- 窗口菜单　在资源管理器和"我的电脑"中，窗口菜单包括了所有的操作命令。
- 工具栏　在资源管理器和"我的电脑"中，使用工具按钮也是一种直观简便的方法。
- 键盘　通过键盘快捷键也可以完成操作。

子任务一　文件和文件夹的选定

在资源管理器中要对文件或文件夹进行操作，首先应选定文件或文件夹对象，以确定操作对象。

（1）选定单个对象。在"文件夹内容"窗格中单击所选的文件或文件夹图标或名字，所选定的文件名或文件夹名以蓝底反白显示。

（2）选定连续多个对象。在"文件夹内容"窗格中，单击要选定的第一个对象，按住 Shift 键不放，然后移动鼠标指针至要选定的最后一个对象并单击，即可选定一组连续文件。

按住鼠标左键从连续对象区的左上角开始向右下角拖动，将出现一个虚线矩形框，直到此虚线矩形框围住所有要选定的对象为止，松开左键，也可选定一组连续文件。

（3）选定不连续的多个对象。在"文件夹内容"窗格中，按住 Ctrl 键不放，单击所要选定的每个对象，直到放开 Ctrl 键，即可选定一组不连续文件。

（4）选定不连续的连续对象。先选定第一个局部连续的对象组，按住 Ctrl 键不放，再选定第二个局部连续的对象，依此类推，直到选定所有不连续的连续对象组。

（5）选定全部对象。单击"编辑"菜单中的"全部选定"命令，或按组合健 Ctrl+A。

（6）取消选定的对象。只需用鼠标在"文件夹内容"窗格中任意空白区处单击一下，即可取消已选定的对象。

子任务二　打开文件夹和文件

1. 打开文件夹

打开文件夹是指在"文件夹内容"窗格中显示该文件夹的内容。被打开的文件夹成为当前文件夹，其名字显示在标题栏和地址栏的列表框中，可用下列方法之一打开文件夹。

（1）在"文件夹内容"窗格中，双击要打开的文件夹图标或文件夹名。

（2）在"文件夹内容"窗格中，右击要打开的文件夹图标或文件夹名，选择打开命令。

2. 打开文件

打开文件是指在应用程序环境下显示该文件的内容。被打开的文件为当前活动文件，用户可以编辑该文件内容。可用下列方法之一打开文件。

（1）在"文件夹内容"窗格中，双击要打开的文件图标或文件名。

（2）在应用程序环境下，选择"文件"→"打开"，在"打开"对话框中选择要打开的文件完整路径及文件名，单击"确定"按钮。

子任务三　新建文件夹和文件

1. 新建文件

① 打开资源管理器，选择需要创建文件的驱动器或文件夹。

② 单击"文件"菜单，选择"新建"命令；或在资源管理器右边列表窗口的空白处右击，在弹出的快捷菜单中选择"新建"命令；级联菜单中列出了系统中已注册的文件类型，如图 2-14 所示。或单击工具栏中 按钮。

图 2-14　"新建"菜单及级联菜单

③ 选择需要创建的文件类型。

2. 新建文件夹

① 打开资源管理器，选择需要创建文件夹的驱动器或文件夹。

② 单击"文件"菜单，选择"新建"，单击"文件夹"命令。

③ 为文件夹命名。

例 3：在 D 盘新建文件夹 lianxi，在新文件夹中建立一个子文件夹 anli3-1。

解决步骤如下。

步骤 1：打开资源管理器或"我的电脑"窗口，找到并单击 D 盘；

步骤 2：选择窗口菜单"文件"→"新建"→"文件夹"命令。或右击右侧窗格空白处，在弹出的快捷菜单中选择"新建"→"文件夹"命令；

步骤 3：给出现的新文件夹输入名称"lianxi"；

步骤 4：鼠标在新文件夹外的空白处单击，或按 Enter 键；

步骤 5：在右侧窗格中双击打开的 D 盘文件夹 lianxi，重复步骤 2～步骤 4，在文件夹中建立子文件夹 anli3-1。

例 4：在 D 盘 lianxi 文件夹中新建一个名为 Mybook.doc 的 Word 文档。

解决步骤如下。

步骤 1：在资源管理器或"我的电脑"中双击 D 盘 lianxi 文件夹，在打开的 lianxi 文件夹窗口中，选择"文件"→"新建"→"Microsoft Word 文档"命令。

步骤 2：窗口中出现一个新的 Word 文档图标，输入名称"Mybook.doc"。

步骤 3：鼠标在新文档外空白处单击，或按 Enter 键。

以上两个案例操作结果如图 2-15 所示。

图 2-15　案例操作结果

子任务四　文件和文件夹的重命名

对文件或文件夹重命名的操作步骤如下。

① 选定要更名的文件或文件夹。

② 单击"文件"下拉菜单（或右击要更名的对象，选定快捷菜单）中的"重命名"命令。

③ 在选定对象名字周围出现细线框且进入编辑状态，用户可直接键入新的名字，或将插入点定位到要修改的位置修改文件名。

④ 按 Enter 键，或单击该名字方框外的任意处即可。

> **注意**
>
> ※如要取消本次更名，可在按 Enter 键之前，按 Esc 键。
>
> ※选中要更名的文件或文件夹后，按 F2 键，可完成重命名。

例 5：把 D 盘的文件夹 lianxi 改名为"练习"，并将其中的 Mybook 文档改名为"Yourbook"。解决步骤如下。

步骤 1：在资源管理器中，单击选中 D 盘中的 lianxi 文件夹。

步骤 2：在菜单栏中选择"文件"→"重命名"命令，或右击 D 盘的 lianxi 文件夹，在弹出的快捷菜单中选择"重命名"命令，如图 2-16 所示。

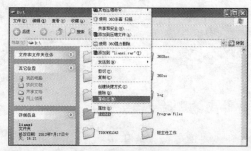

图 2-16　文件或文件夹重命名

步骤 3：输入新名称"练习"，在空白处单击或按 Enter 键。

步骤 4：双击"练习"文件夹,选中其中的 Mybook 文件,重复步骤 2 和步骤 3,输入"Yourbook",

完成文件重命名。

子任务五　文件和文件夹的移动与复制

移动和复制是资源管理器中最常用、最基本的操作。"移动"是指文件或文件夹从原来的位置消失，而出现在指定的位置上；"复制"是指原来位置上的源文件保留不动，在指定的位置上出现源文件的副本。

移动和复制操作有 3 种基本方法：鼠标拖动、菜单操作、键盘操作。

1. 鼠标拖动操作

步骤如下。

步骤 1：选中要移动或复制的文件或文件夹。

步骤 2：分为同一驱动器和不同驱动器，采取不同操作方法。

同一驱动器下：移动文件或文件夹时直接拖动源文件到目标文件夹下；
　　　　　　　　复制文件或文件夹时按下 Ctrl 键，拖至目标文件夹下。

不同驱动器下：移动文件或文件夹时按下 Shift 键，拖至目标文件夹下；
　　　　　　　　复制文件或文件夹时直接拖动源文件到目标文件夹下。

2. 菜单操作

步骤如下。

步骤 1：选中要移动或复制的文件或文件夹。

步骤 2：执行"编辑"菜单中的命令。如是移动文件，则单击"剪切"命令，如是复制文件，则单击"复制"命令；或单击工具栏的 ✂ 和 📋 按钮。

步骤 3：在目标位置，单击"编辑"菜单中的"粘贴"命令。

3. 键盘操作

步骤 1：选中要移动或复制的文件或文件夹。

步骤 2：如是移动文件，则按组合键 Ctrl+X，如是复制文件，则按组合键 Ctrl+C 命令。

步骤 3：在目标位置，按组合键 Ctrl+V。

例 6：将 D 盘"练习"文件夹复制到 F 盘。

解决步骤如下。

步骤 1：选中 D 盘文件夹"练习"。

步骤 2：在菜单栏中选择"编辑"→"复制"命令；或在右侧窗格中右击选定的对象，在弹出的快捷菜单中选择"复制"命令；或单击工具栏中的"复制"按钮；或按 Ctrl+C 组合键。

步骤 3：打开 F 盘，在菜单栏中选择"编辑"→"粘贴"命令；或在右侧窗格中右击选定的对象，在弹出的快捷菜单中选择"粘贴"命令；或单击工具栏中的"粘贴"按钮；或按 Ctrl+V 组合键。

子任务六　文件和文件夹的删除

为了保持计算机中文件系统的整洁，也为了节省磁盘空间，用户会经常删除一些没用的或损坏的文件或文件夹。具体方法是选中要删除的一个或多个对象后，选择下面的任意一种操作方法。

① 直接按键盘上的 Del 键。

② 单击"文件"菜单中的"删除"命令。

③ 单击工具栏上的"删除"按钮。

④ 右击打开快捷菜单，选择"删除"命令。

⑤ 用鼠标将选中的对象直接拖到"回收站"。

如果在完成对象的复制、移动和删除操作后，用户突然改变主意，想要恢复到操作前的状态，那么可以单击"编辑"菜单中的"撤销"命令，或单击工具栏上的"撤销"按钮即可。"撤销"命令可及时避免误操作，用户应熟练掌握。

可利用"回收站"恢复删除的对象。具体操作步骤如下。

① 打开"回收站"窗口，其中列出了被删除的文件名。

② 选定要恢复的文件。

③ 单击"文件"菜单中的"还原"命令，文件就恢复到原来的位置。

子任务七　文件和文件夹的属性设置

在 Windows XP 中，文件和文件夹都有各自的属性。属性就是性质和特征，有些属性是可以修改的，用户可根据需要设置或修改文件或文件夹的属性。

查看文件或文件夹属性的具体操作如下。

步骤 1：右击文件或文件夹，打开快捷菜单。

步骤 2：在快捷菜单中，单击"属性"命令，屏幕出现对话框，如图 2-17 所示。

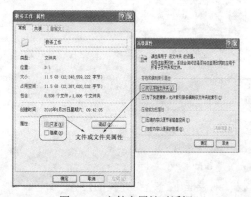

图 2-17　文件夹属性对话框

步骤 3：对话框中显示的文件属性有"只读"、"隐藏"和"存档"3 种（注："系统"属性不在这里显示），用户可在属性前的复选框中选择设置文件的属性。

具有只读属性的文件可以保护文件不被误删或修改；具有隐藏属性的文件或文件夹在没有设置显示时是不显示的；存档属性是一般新建或修改后的文件都具有的属性。

子任务八　文件或文件夹的查找

在使用 Windows XP 过程中，如果系统中的文件和文件夹数量较多，想要快速找出所需的文件，可以使用系统中提供的搜索文件或文件夹的功能来快速地对文件或文件夹进行定位。可用如下方法之一打开"搜索助理"进行快速查找文件或文件夹。

方法 1：在资源管理器窗口中的工具栏上单击"搜索"按钮，左边窗口将出现一个"搜索助理"任务窗格，"搜索助理"提供了查找文件的最直接的方法，如图 2-18 所示。

图 2-18　搜索助理窗口

方法 2：单击"开始"菜单，选择"搜索"命令，如图 2-19 左图所示。

方法 3：右击"开始"菜单，选择"搜索"命令，如图 2-19 右图所示。

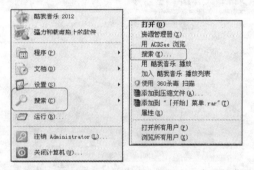

图 2-19　左图为单击开始菜单，右图为右击开始菜单

例 7：在 D 盘查找扩展名为".doc"的常规文件。

解决步骤：

步骤 1：打开"搜索助理"。

步骤 2：选择"所有文件和文件夹"。

步骤 3：在输入框内输入"*.doc"或".doc"。

步骤 4：在"在这里寻找"列表框中选择要寻找的位置"D 盘"。

步骤 5：按下"搜索"键。

项目四　Windows XP 的设置与维护

学习目标：

1. 了解控制面板的设置功能；

2. 掌握比较常用的设置（日期与时间设置、鼠标与键盘设置、显示器设置、磁盘整理、网络打印机设置等）。

我们经常在不同机器的 Windows 桌面上感受到不同的显示分辨率，或是看到不同的背景和屏幕保护设置，这主要是通过控制面板来操作的。控制面板是 Windows 图形用户界面的一部分，它允许用户查看并操作基本的系统设置和控制，比如设置日期和时间、设置鼠标与键盘、设置显示器属性等。

单击"开始"菜单,选择"设置"中的"控制面板"命令,即可打开"控制面板"窗口。也可在"我的电脑"窗口中打开"控制面板"窗口,如图 2-20 所示。

图 2-20　控制面板窗口

从图 2-20 中可以看到,控制面板的设置功能很多,下面介绍几种比较常用的设置。

任务九　设置日期和时间

双击"控制面板"窗口中的"日期和时间"图标,或直接双击任务栏最右边的时钟显示,打开"日期和时间属性"对话框,如图 2-21 所示。在该对话框中,不但可以设置年份、月份、日期,还可以调整时、分、秒。

（1）日期调整:年份的增减按钮可用来确定年份,月份下拉列表框可选定月份,在日历上选择某一天,完成日期的调整。

（2）时间调整:可先用鼠标定位在时间上,再单击增减按钮来调整时间,也可在时间框中直接输入正确时间。

（3）时区选择:选择"时区"选项卡,可从时区下拉列表框选择时区。

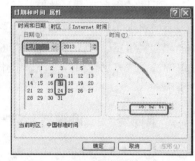

图 2-21　日期和时间属性窗口

任务十　设置鼠标与键盘

鼠标与键盘是最基本的输入设备,不同的用户根据自己的需求可进行个性化设置。

子任务一　设置鼠标

双击"控制面板"中的"鼠标",可打开"鼠标"属性对话框,如图 2-22 所示。共有 5 个选项卡,分别是鼠标键、指针、指针选项、轮和硬件。

（1）鼠标键设置:可设置鼠标主次键、双击速度及单击锁定 3 种属性。

（2）指针设置:可设置指针图形样式及指针滑动样式。

（3）轮设置:可设置轮滑动一次所掠过的行数。

图 2-22　鼠标属性窗口

子任务二　设置键盘

双击"控制面板"中的"键盘",可打开"键盘"属性对话框,如图 2-23 所示。可设置键盘响应的速度及光标闪烁的速度。

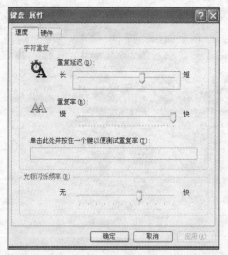

图 2-23　键盘属性窗口

任务十一　设置显示效果

不同的用户对桌面背景、字体、颜色及窗口、任务栏等方面要求不同，可通过"显示"属性进行设置，创设一个完全属于自己的操作环境。右击桌面空白处，在快捷菜单中选择"显示"即可打开显示器属性对话框，如图 2-24 所示。

图 2-24　显示属性窗口

子任务一　设置屏幕分辨率

显示分辨率就是屏幕上显示的像素个数，分辨率 160×128 的意思是水平像素数为 160 个，垂直像素数 128 个。分辨率越高，像素的数目越多，感应到的图像越精密。而在屏幕尺寸一样的情况下，分辨率越高，显示效果就越精细和细腻。

如图 2-24 所示，在显示器属性对话框内，单击"设置"选项卡，可通过滑动游标选择显示器的分辨率，常用的分辨率为 1024×768。还可通过下拉列表选择颜色质量。如果多媒体教室有分频器，还可通过选择监视器切入不同的显示内容。

子任务二　设置桌面背景

（1）设置主题。在显示器属性对话框内，单击"主题"选项卡，如图 2-25 所示，在"主题"列表框中，选择用户满意的主题，系统默认的主题是 Windows XP。

（2）设置桌面。在显示器属性对话框内，单击"桌面"选项卡，如图 2-26 所示，在"背景"列表框中，选择一种背景图片，对话框中的屏幕视图就会显示相应的效果。还可对图片所显示的位置及背景颜色进行设置。

（3）设置外观。在显示器属性对话框内，单击"外观"选项卡，如图 2-27 左图所示，可设置对象的颜色、大小和字体等。

图 2-25 显示属性窗口

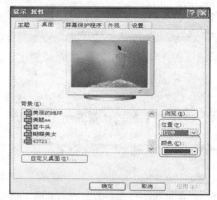

图 2-26 显示属性窗口

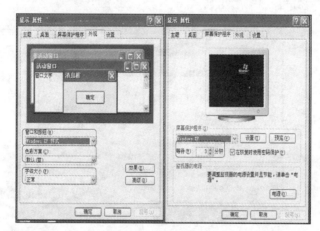

图 2-27 显示属性窗口

子任务三　设置屏幕保护

　　为避免长时间显示固定不变的图形，使屏幕受到损害，系统设置了屏幕保护程序。就是当一段时间内键盘或鼠标都没有动作时，系统自动启动该程序，屏幕上将出现相应的图片或动画，再次使用键盘或鼠标时，恢复到原来的状态。

　　选择"屏幕保护程序"选项卡，如图 2-27 右图所示，在"屏幕保护程序"下拉列表框中进行选取，在"等待"数值框中输入启动屏幕保护程序等待的分钟值。可单击"设置"命令，设置所选定的屏幕保护程序图形或图像的显示参数。可单击"预览"命令，预览所设定的屏保程序执行时的状态。

任务十二　系统维护

　　在计算机的日常使用过程中，用户可能会非常频繁地进行应用程序的安装、卸载，文件的移动、复制、删除或在网络上下载程序文件等多种操作，而这样操作过一段时间后，计算机硬盘上将会产生很多磁盘碎片或大量的临时文件等，导致运行空间不足，程序运行和文件打开速度变慢，计算机系统性能下降。因此，用户需要定期对系统进行管理与维护。

子任务一　添加和删除应用程序

　　在"控制面板"窗口中单击"添加/删除程序"图标，打开"添加/删除程序"窗口。

（1）更改或删除应用程序。窗口列出目前已安装的程序清单，选择要更改或要删除的程序，单击"更改/删除"按钮，即可重新安装或删除指定的程序。"更改"是指更改程序的细节，"删除"是指将程序从机器中卸载，并释放出磁盘空间。

（2）安装应用程序。

① 在"添加/删除程序"对话框中，选择"添加新程序"按钮，打开"添加/删除程序"窗口。

② 从对话框右侧选择新安装程序的方式，即可进行安装。

子任务二　磁盘碎片整理

具体操作步骤如下。

① 选择"开始"→"程序"→"附件"→"系统工具"→"磁盘碎片整理程序"命令，打开"磁盘碎片整理程序"窗口，如图 2-28 所示。

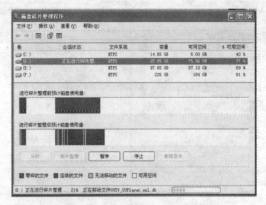

图 2-28　磁盘碎片整理窗口

② 选择要整理的磁盘（默认 C 盘），单击"碎片整理"按钮，就可以开始整理磁盘碎片。

任务十三　设置网络打印机

一个办公室内一般只会有一个打印机，但计算机却有多台，如何使每台计算机都可以共享这一个打印机呢？

首先，办公室内所有计算机组成一个局域网，即在一个工作组内；其次，打印机已经与其中一台计算机正确连接。

连接打印机的计算机操作步骤如下。

① 单击"开始"菜单→"打印机和传真"，如图 2-29 所示。

图 2-29　设置打印机共享

② 右击已安装打印机图标，选择"共享……"选项卡，如图2-30所示。

图2-30 设置打印机共享

③ 选择"共享这台打印机"，单击"确定"按钮，则网络共享打印机设置完成。
未直接连接打印机的计算机的操作步骤如下。

① 单击"开始"菜单→"打印机和传真" →"添加打印机"，如图2-31所示。

② 单击"下一步"按钮，选择"网络打印机或连接到其他计算机的打印机"选项，如图2-32所示。

图2-31 添加打印机向导

图2-32 添加打印机向导

③ 单击"下一步"按钮，选择"浏览打印机"选项，如图2-33所示。

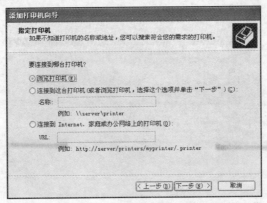

图 2-33　添加打印机向导

④ 单击"下一步"按钮，在共享打印机的显示框内选择已安装打印机的计算机及打印机，如图 2-34 所示。

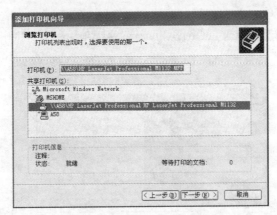

图 2-34　添加打印机向导

⑤ 单击"下一步"按钮，选择"是"，如图 2-35 所示。

图 2-35　连接打印机选项

⑥ 选择"是"，单击"下一步"按钮，如图 2-36 所示。

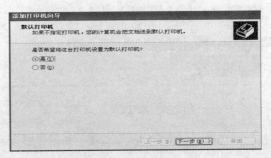

图 2-36　默认打印机设置

⑦ 单击"完成"按钮，安装完毕如图 2-37 所示。

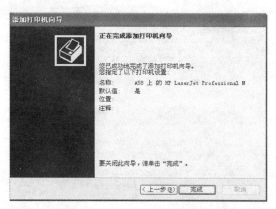

图 2-37　网络打印机安装完毕

至此，办公室共享网络打印机设置完成。

项目五　附件的使用

学习目标：

了解常用附件的使用，比如画图、记事本、计算器、录音机等。

任务十四　画图的使用

画图程序是一个简单的图形应用程序，用户可以使用该程序制作一些简单的图形图像。在实际应用中，我们常用画图程序来处理抓屏图像，抓屏常用键为"PrtScC SysRq"。

① 选择"开始"菜单→"所有程序"→"附件"→"画图"命令，打开 "画图"窗口，如图 2-38 所示。

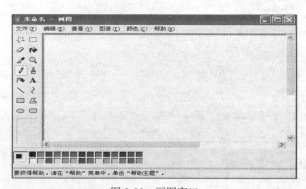

图 2-38　画图窗口

② 利用工具箱上的工具进行简单图形绘制。

③ 保存图片。

任务十五　写字板与记事本的使用

写字板具有 Word 最初的形态，有格式控制，支持多种字体格式，保存的文件也是.doc。写字板的容量比较大，对于大点的文件或格式要求不多的文本可用写字板完成，如图 2-39 所示。

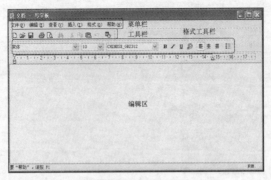

图 2-39　写字板窗口

记事本是 Windows XP 操作系统中一个简单的文本编辑器。相比于写字板，它小巧灵活，像我们日常装在身上的便笺或小本一样，可随时用来记录一些事情或文件，如图 2-40 所示。

图 2-40　记事本窗口

任务十六　计算器的使用

Windows XP 自带的计算器程序可以进行简单的科学计算和统计计算，给工作和学习带来很多方便。计算器的使用方法如下。

① 选择"开始"菜单→"所有程序"→"附件"→"计算器"命令，打开 "计算器"窗口。

计算器有"标准型"与"科学型"两种，单击"查看"菜单中的"标准型"或"科学型"可进行类型选择。标准型计算器是按输入顺序计算，如图 2-41 所示；科学型计算器是按运算规则计算，可进行二进制、八进制、十进制、十六进制间的转换等运算，如图 2-42 所示。

图 2-41　标准型计算器

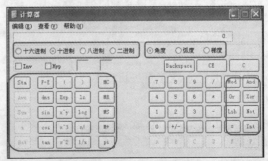

图 2-42　科学型计算器

② 单击 "计算器" 中的按钮，或键盘上的小键盘区进行计算。

如果在 "计算器" 上完成了一次运算，就可以将结果复制到剪贴板上，然后在另一应用程序或文档中使用这一结果。

任务十七　　录音机的使用

"录音机" 是用于数字录音的多媒体附件。它不仅可以录制、播放声音，还可以对声音进行编辑及特殊效果处理。在录制声音时，需要一个麦克风，大多数声卡都有麦克风插孔，将麦克风插入声卡就可以使用 "录音机" 了。

启动 "录音机" 方法如下。

选择 "开始" 菜单→ "所有程序" → "附件" → "娱乐" → "录音机" 命令，打开 "录音机" 窗口，如图 2-43 所示。

图 2-43　录音机窗口

拓展学习

操作系统

操作系统（Operating System，OS），是管理和控制计算机硬件与软件资源的计算机程序，是直接运行在 "裸机" 上的最基本系统软件，其他任何软件都必须在操作系统的支持下才能运行。

操作系统是用户和计算机的接口，也是计算机硬件和其他软件的接口。

操作系统的功能包括处理机管理、存储器管理、设备管理、进程管理及文件管理。它使计算机系统所有资源最大限度地发挥作用，提供了各种形式的用户界面，使用户有一个好的工作环境，为其他软件的开发提供了必要的服务和相应的接口。事实上，用户是不用直接接触操作系统的，操作系统管理着计算机的软硬件资源，同时按照应用程序的资源请求，为其分配资源，如划分 CPU 时间、开辟内存空间、调用打印机等。

操作系统所处位置

操作系统的种类相当多，可分为智能操作系统、实时操作系统、传感器节点操作系统、嵌入式操作系统、个人计算机操作系统、多处理器操作系统、网络操作系统和大型机操作系统。按应用领域划分，主要有三种：桌面操作系统、服务器操作系统和嵌入式操作系统。

桌面操作系统

主要应用于个人计算机。常见的有微软公司 Windows 操作系统，比如 Windows 98、Windows XP、Windows Vista、Windows 7、Windows 8 等。还有 UNIX 和 Linux 操作系统，比如 Mac OS X、Linux 发行版（如 Debian、Ubuntu、Linux Mint、openSUSE、Fedora 等）。

服务器操作系统

服务器操作系统一般指安装在大型计算机上的操作系统，比如 Web 服务器、应用服务器和数据库服务器等。服务器操作系统主要集中在三大类。

（1）UNIX 系列：SUNSolaris、IBM-AIX、HP-UX、FreeBSD、OS X Server[3]等。

（2）Linux 系列：Red Hat Linux、CentOS、Debian、Ubuntu Server 等。

（3）Windows 系列：Windows NT Server、Windows Server 2003、Windows Server 2008、

Windows Server 2008 R2 等。

嵌入式操作系统

嵌入式操作系统是应用在嵌入式系统的操作系统。嵌入式系统广泛应用在生活的各个方面，从便携设备到大型固定设施，如数码相机、手机、平板电脑、家用电器、医疗设备、交通灯、航空电子设备和工厂控制设备等，越来越多嵌入式系统安装有实时操作系统。

在嵌入式领域常用的操作系统有嵌入式 Linux、Windows Embedded、VxWorks 等，以及广泛使用在智能手机或平板电脑等消费电子产品的操作系统，如 Android、iOS、Symbian、Windows Phone 和 BlackBerry OS 等。

典型系统

UNIX

UNIX 是一个强大的多用户、多任务操作系统，支持多种处理器架构，按照操作系统的分类，属于分时操作系统。UNIX 最早由 Ken Thompson 和 Dennis Ritchie 于 1969 年在美国 AT&T 的贝尔实验室开发。

Linux

Linux 操作系统是 1991 年推出的一个多用户、多任务的操作系统。它与 UNIX 完全兼容。Linux 最初是由芬兰赫尔辛基大学计算机系学生 Linux Torvaids 在基于 UNIX 的基础上开发的一个操作系统的内核程序，Linux 的设计是为了在 Intel 微处理器上更有效的运用。它最大的特点在于是一个开源的操作系统。

Android

Android 是一种以 Linux 为基础的开放源代码操作系统，主要应用于便携设备。Android 操作系统最初由 Andy Rubin 开发，主要支持手机。2005 年由 Google 收购注资，并组建开放手机联盟开发改良，逐渐扩展到平板电脑及其他领域上。

Chrome OS

Chrome OS 是由谷歌开发的一款基于 Linux 的操作系统，它发展出与互联网紧密结合的云操作系统，工作时运行 Web 应用程序。谷歌在 2009 年 7 月 7 日发布该操作系统，并在 2009 年 11 月以 Chromium OS 之名推出相应的开源项目，已编译好的 Chrome OS 只能用在与谷歌合作的制造商的特定硬件上。

Gleasy

Gleasy 是一款面向个人和企业用户的云服务平台，可通过网页及客户端两种方式登录。乍看之下，Gleasy 和 PC 操作系统十分接近，其中包括即时通讯、邮箱、OA、网盘、办公协同等多款云应用，用户也可以通过应用商店安装自己想要的云应用。Gleasy 从"系统"上看由三个层次组成：基础环境、系统应用，以及应用商店和开放平台。

习题二

一、选择题

1. 操作系统的功能是（   ）。

    A. 处理机管理、设备管理、存储器管理、进程管理和文件管理

    B. 运算器管理、控制器管理、打印机管理和磁盘管理

    C. 硬盘管理、软盘管理、存储器管理和文件管理

    D. 程序管理、文件管理、设备管理和编译管理

2. 在 Windows XP 窗口的右上角可以同时显示的按钮是（　　　）。

   A. 最小化、还原和最大化　　　　　　　B. 最小化、还原和关闭

   C. 还原、最大化和关闭　　　　　　　　D. 最大化、最小化和关闭

3. 在一个窗口中使用快捷键"ALT+空格"，可以（　　　）。

   A. 打开快捷菜单　　　　　　　　　　　B. 打开控制菜单

   C. 关闭窗口　　　　　　　　　　　　　D. 打开开始菜单

4. 在中西文输入法之间快速切换的快捷键是（　　　）。

   A. Ctrl+空格　　　　　　　　B. Ctrl+Shift+空格

   C. Shift+空格　　　　　　　　D. Ctrl+Shift

5. 一台计算机上可以默认（　　　）台打印机。

   A. 1　　　　　　　　B. 2　　　　　　　　C. 3　　　　　　　　D. 0

6. Windows XP 资源管理器中文件的默认查看方式是（　　　）。

   A. 缩略图　　　　　　　B. 图标　　　　　　　C. 详细信息　　　　　　D. 平铺

7. Windows XP 的主题是（　　　）。

   A. 背景图片　　　　　　　　　　　　　B. 自定义图片

   C. 个性化设置的计算机元素　　　　　　D. 以上都不是

8. 录音机程序中，声音文件默认扩展名是（　　　）。

   A. .avi　　　　　　　B. .mp3　　　　　　　C. .wav　　　　　　　D. .mdi

9. "开始"→"我最近的文档"里显示的是最近使用的（　　　）个文件。

   A. 9　　　　　　　　B. 15　　　　　　　C. 4　　　　　　　　D. 3

10. 想查看隐藏文件，在（　　　）下文件夹选项内设置。

   A. 文件　　　　　　　B. 工具　　　　　　　C. 查看　　　　　　　D. 编辑

11. 在使用计算机的过程中，用户多次对磁盘进行读写，最终使磁盘上的碎片越来越多，可以用（　　　）来处理碎片。

   A. 磁盘扫描　　　　　　B. 磁盘碎片整理　　　　C. 磁盘清理　　　　　　D. 磁盘修复

12. Windows XP 的任务栏不可以（　　　）。

   A. 移动　　　　　　　B. 隐藏　　　　　　　C. 删除　　　　　　　D. 改变大小

13. 在 Windows XP 中，对选中的文本内容，可以利用组合键（　　　）将其剪切到剪贴板中。

   A. Ctrl+C　　　　　　B. Ctrl+V　　　　　　C. Ctrl+X　　　　　　D. Ctrl+Z

14. 下列 Windows XP 文件名中（　　　）是错误的。

   A. WindowsHELPfile.1999.txt　　　　　B. Windows XP\helpfile\1998.doc

   C. Windows XP helpfile.1998　　　　　D. Windows XP.helpfile.document

15. 在资源管理器窗口中对文件（夹）操作时，下列描述中正确的是（　　　）。

   A. 同一时刻可以选择不同磁盘上的多个文件（夹）

   B. 在不同磁盘之间拖放文件（夹）可以完成文件（夹）的移动操作

   C. 拖放到回收站中的文件（夹）都可以还原

   D. 可以创建任何类型的文件或文件夹的快捷方式

16. 在 Windows XP 资源管理器中，左窗格的某个文件夹图标的前端有"+"标记，表示(　　　)。

   A. 该文件夹中有文件但无子文件夹

   B. 该文件夹中有子文件夹但无文件

   C. 该文件夹中肯定有文件；可能有子文件夹，也可能没有子文件夹

D. 该文件夹中有子文件夹；可能有文件，也可能没有文件

17. 在 Windows XP 资源管理器中进行文件查找操作，（   ）。

　　A. 只能对确定的文件名进行查找

　　B. 可以找到包含某段文字的文件

　　C. 必须输入所找文件夹主文件名和扩展名

　　D. 只能输入文件建立的时间范围是不能进行查找的

18. 在 Windows XP 资源管理器中选定某一文件夹，选择删除命令，则（   ）。

　　A. 只删除文件夹而不删除其内的文件

　　B. 删除文件夹内的某一程序项

　　C. 删除文件夹内的所有文件而不删除文件夹

　　D. 删除文件夹及其所有内容

19. 关于 Windows XP 屏幕保护程序的说法中，不正确的是（   ）。

　　A. 当用户在指定的时间内没有使用计算机时，屏幕上将出现移动位图和图案

　　B. 它可以减少屏幕的损耗

　　C. 它将节省计算机内存

　　D. 它可以设置口令

20. 在 Windows 的回收站中，可以恢复的是（   ）。

　　A. 从硬盘中删除的文件或文件夹

　　B. 从软盘中删除的文件或文件夹

　　C. 剪切掉的文档

　　D. 从光盘中删除的文件或文件夹

二、操作题

1. 在 F 盘新建如下文件夹和文件。

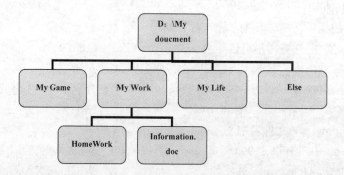

2. 将上题中的文件"Information.doc"复制到"My Game"和"Else"文件夹中。

3. 将"My Work\Information.doc"移动到"My Life"文件夹下。

4. 将 Else 文件夹删除。

学习导航:

本模块分 5 个项目 15 个任务，介绍文字处理软件 Word 2010 的基本功能与操作、图文混排、表格处理、高级编排及页面设置等内容。

项目一　Word 2010 界面及基本操作

学习目标:

1. 了解 Word 文档的基本界面;
2. 掌握文档的文档编辑方法;
3. 掌握文档的格式设置。

任务一　　初识 Word 2010 基本操作

Word 是美国微软公司的办公软件 Microsoft Office 的组件之一，是微软办公套装软件的一个重要组成部分。它具有强大的文字处理、图片处理及表格处理功能，既能支持普通的办公商务和个人文档，又可以让专业印刷、排版人员制作具有复杂版式的各种文档，是文字处理者的最佳帮手，是目前应用最广泛的文字处理软件之一。

子任务一　初识 Word 2010 工作界面

和启动其他 Windows 应用程序一样，可以采用以下方法之一来启动 Word 2010。

（1）直接双击桌面 Word 文档快捷方式。

（2）单击"开始"菜单，在"程序"中选择"Microsoft Office 2010"，单击鼠标即可启动 Word 2010。其工作界面如图 3-1 所示。

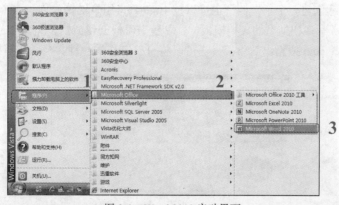

图 3-1　Word 2010 启动界面

（3）双击"Microsoft Word 2010"，启动 Word。

Word 2010 启动以后，如图 3-2 所示，界面一般有标题栏、菜单栏、选项卡、功能区、状态栏以及工作区等内容组成。

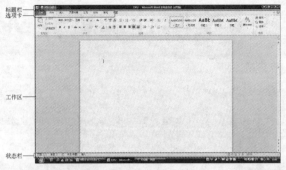

图 3-2　Word 2010 工作界面

标题栏位于 Word 基本界面的最上方位置。左端显示的是当前打开文档的标题和应用程序的名称，右端由"最小化"按钮、"还原"、"最大化"按钮以及"关闭"按钮组成。在标题栏上按下鼠标左键不放，拖动鼠标就可以在屏幕上移动 Word 界面。

菜单栏选项卡在标题栏下方。菜单栏主要由"开始"、"插入"、"页面布局"、"引用"、"邮件"、"审阅"、"视图"、"加载项"等 8 个菜单组成。在菜单栏中，单击任何一个菜单就可以显示相应的菜单选项卡。

功能区对应选项卡，不同的选项卡下方的功能区有所不同。功能区主要由选项组组成。

工作区是用来编辑文档的工作区域。在文档窗口中，可以输入文档内容、编辑图像、处理表格、设置文档样式等。

状态栏位于 Word 基本界面的最下方，用来表示 Word 当前的工作状态、当前页在文档中所处的位置以及当前执行的操作等。

子任务二　基本操作

1. 新建文档

通过"文件"菜单下方的"新建"命令，在"可用模板"中选择"空白文档"，单击画面右侧的"创建"即可创建一个新文档，如图 3-3 所示。或者单击"常用"工具栏最左侧的"新建空白文档"按钮，自动创建一个新文档。也可以按下 Ctrl+N 组合键快速创建一个空白文档。

Word 2010 自带了多种类型的文档模板，可以基于模板创建文档，快速完成专业文档的创建。也可以使用从 Office.com 搜索出的模板，还可以将自己制作的个性文档做成模板。

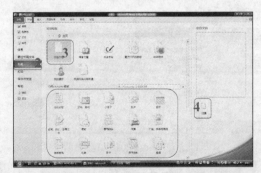

图 3-3　Word 2010 新建文档

2．保存文档

单击"文件"菜单中的"保存"按钮即可。新建的文档第一次执行保存命令时，系统将打开"另存为"对话框，要求输入文件名。默认的名字是文档的第一段文本字符，缺省扩展名是".docx"。

单击"快速访问工具栏"上的保存按钮 📄 或者按 Ctrl+S 组合键，也可打开"另存为"对话框，对文件进行保存。

3．另存为新文档

与保存文档功能相同，可以在当前位置换名字保存，或者在不同位置保存为当前文档的副本。也可以按下 F12 快捷键实现此功能。

4．打开已有文档

单击"文件"菜单中的"打开"选项，在展开的"打开"对话框中找到文档所在的文件夹，选择要打开的文档，单击"打开"按钮。也可以按下 Ctrl+O 组合键，等同于单击"打开"菜单命令。

5．关闭文档

单击文档窗口右上角的"关闭"按钮或者单击"快速访问工具栏"上的 Word 图标，在列表框中选择"关闭"选项即可。

6．自动保存文档

Word 2010 提供当前文档的自动保存功能。在"文件"选项卡上单击"选项"按钮，打开如图 3-4 所示的"Word 选项"界面。单击"保存"菜单，在右侧的界面中勾选"保存自动恢复信息时间间隔"，然后输入具体的时间，一般以 5～10 分钟为宜。此功能可以避免因程序中止或者停电等意外事故而导致已输入的文档内容丢失。

图 3-4　"Word 选项"界面

7．查看、删除历史文档记录

如图 3-5 所示，在 Word 2010"文件"选项卡"最近所用文件"菜单中能看到最近使用文档的历史记录。一方面为用户下次打开该文档提供了方便，另一方面也暴露了用户的个人隐私。要删除历史记录，打开"文件"选项卡"最近所用文件"，在"最近使用的文档"下方将光标置于要删除历史记录的文档上，单击鼠标右键弹出快捷菜单，选中"从列表中删除"即可。该方法可以根据需要选择要删除的历史记录。

图 3-5　"最近所用文件"界面

8. 文档安全

通过执行"文件"菜单中的"信息"选项，单击"保护文档"按钮，在弹出的对话框中选择"用密码进行加密"，弹出如图 3-6 所示的对话框。输入密码可以对已经打开的文档进行加密保护。

图 3-6   文档安全

子任务三   视图方式

在 Word 2010 中不仅提供了许多种浏览文档的方法，也提供了许多种查看文档的方法。在 Word 2010 中提供了 6 种视图："普通"、"页面"、"阅读版式"、"Web 版式"、"大纲"和"打印预览"，其中前 5 种都可以在"视图"选项卡的"文档视图"组中找到，单击相应的视图选项进行访问，或直接单击文档窗口状态栏右端的视图切换按钮中相应的视图按钮进行操作。

1. 普通视图

普通视图是输入、编辑和格式化文本的标准视图。因为它的重点是文本，因此普通视图中简化了页面的版面，隐藏了页面边缘、页眉、页脚、文字包装对象、浮动的图形及背景。用户可以通过状态栏上右侧的"显示比例"控制条指定显示比例，对视图大小进行调整。

2. 页面视图

页面视图是 Word 默认的视图方式，页面视图精确地显示文本、图形及其他元素在最终的打印文档中的情形。页面视图便于处理固定文本以外的元素，比如页眉、页脚、柱形图及图画。页面视图比普通视图更能精确地显示出最终文档的外观。用户可以通过状态栏上右侧的"显示比例"控制条指定显示比例，对视图大小进行调整。

3. 阅读版式视图

阅读版式视图是为了便于文档的阅读和评论而设计的。在阅读版式视图下，将显示文档的背景、页边距，并可进行文本的输入、编辑等操作，但不显示文档的页眉和页脚。

在阅读版式视图下，文档可以在两个并排的屏幕中展示，就像一本打开的书一样。屏幕根据显示屏的大小自动调整到最容易辨认的尺寸。

与阅读版式视图相应的还有两种特殊的视图格式："文档结构图"和"缩略图"。可以使用"文档结构图"或"缩略图"窗格查找要跳转至的该文档的某节。如果"文档结构图"或"缩略图"窗格不可见，单击位于屏幕顶部中间的"跳转至文档的页或节"，再单击"文档结构图"或"缩略图"。因为"文档结构图"显示文档的标题并提供其链接，这样用户可以立即跳到文档中的某一指定节；也可以使用"缩略图"按钮，在窗口的左边栏里将显示页面的"缩略图"，此时只要单击所需阅读页面的"缩略图"，就可以跳到该页面进行阅读了。

4. Web 版式视图

在创建网页或任何专用于在计算机显示器上浏览的文档时，可以使用 Web 版式视图。在 Web

版式视图中, 可以看到背景和按窗口换行显示的文本, 并且图形位置与在 Web 浏览器中的位置一致。

5. 大纲视图

在大纲视图下, 用户可以非常方便地查看文档的结构, 并可以拖动标题来移动、复制和重新组织文本。同时用户也可以通过双击标题左侧的 "+" 号标记, 来展开或折叠文档, 使其显示或隐藏各级标题及内容。

根据实际需要, 可以让大纲视图只显示文档的主标题。

6. 打印预览

在打印预览视图下, 用户可以选择 "双页"、"单页"、"页宽" 格式查看文档, 同时可以方便地进行页边距、纸张方向和纸张大小的设置。在打印预览视图下, 用户不能更改文档内容。

任务二　文档编辑

文档的编辑工作是对文档进行其他一切操作的基础, 因此制作一份优秀文档的必备条件就是要熟练掌握各种基本的编辑功能。Word 2010 提供了强大的功能选项卡, 使用起来更加方便、简单。

子任务一　输入文本

1. 输入文本

输入文本是 Word 中的一项基本操作。在处理文本之前, 必须先将文本输入到 Word 之中。启动 Word 之后在文档的开始位置出现一个闪烁的光标, 即 "插入点", 用户输入的文字都会在插入点处出现, 用户选择熟悉的一种输入法即可开始文本的输入。在输入的过程中, Word 具有自动换行的功能, 当输入到行尾时, 不需要按下 Enter 键, 文字会自动移到下一行。当输入到段落结尾时, 按 Enter 键, 将该段落结束。按下←(BackSpace)键, 将删除插入点左侧的一个字符。按下 Delete 键, 将删除插入点右侧的一个字符。

2. 插入符号

在向文档中输入文本的过程中, 我们不仅需要输入中英文字符, 经常还会插入一些符号, 例如: ①、↑、∴、∞ 等, 而这些符号是无法从键盘直接输入的。Word 2010 提供的插入符号功能为用户在文本中插入各种符号和特殊字符提供了方便。

要在文档中插入符号, 先将插入点放置在要插入符号的位置, 在 "插入" 选项卡的 "符号" 组中, 单击 "符号" 按钮, 选择 "其他符号" 命令按钮, 打开如图 3-7 所示的 "符号" 对话框, 在其中选择所要插入的符号, 单击 "插入" 按钮即可。

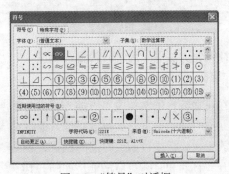

图 3-7　"符号" 对话框

在"符号"对话框的"近期使用过的符号"栏中显示了用户最近使用过的 20 个符号，以方便用户对符号进行快速插入。另外，Word 2010 还提供了对经常使用的符号设置快捷键的功能，这样用户就可以在不打开"符号"对话框的情况下，直接按快捷键输入该符号。

设置快捷键的方法如下。

① 按上述步骤打开"符号"对话框，选中需要使用的符号。

② 单击"符号"对话框中的"快捷键"按钮，打开"自定义键盘"对话框。

③ 将光标置于"请按新快捷键"文本框中，按下需要设置的快捷键（如 Alt+Z）。

④ 单击"指定"按钮，这时设置的快捷键将显示在"当前快捷键"列表框中，表示设置成功，如图 3-8 所示。

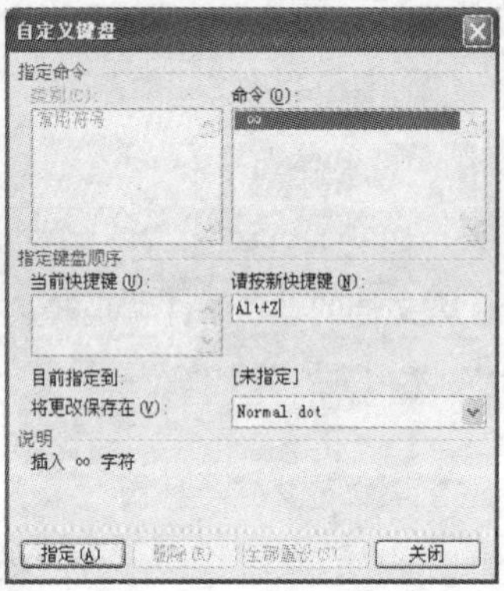

⑤ 单击"关闭"按钮，关闭"自定义键盘"对话框，返回"符号"对话框。

⑥ 在"符号"对话框中，单击"插入"或"取消"按钮，关闭"符号"对话框。

今后用户在编辑文本时，若需要输入该符号，可直接使用快捷键 Alt+Z。

3. 插入特殊字符

在 Word 2010 中，大多数符号都可以通过插入符号来实现，但对于一些像"©"（版权所有）的符号，就需要通过插入特殊字符来实现了。

图 3-8　"自定义键盘"对话框

要在文档中插入特殊字符，可先将插入点放置在要插入特殊字符的位置，单击"插入"选项卡"符号"组中的"符号"按钮，选择"其他符号"选项，打开"符号"对话框。单击"特殊字符"选项卡，在"字符"列表框中选择所要插入的特殊字符，单击"插入"按钮即可，如图 3-9 所示。

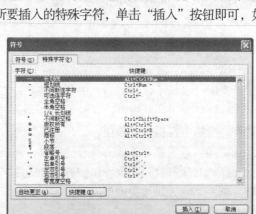

图 3-9　"特殊字符"选项卡

特殊字符也可以设置快捷键，方法同一般符号设置快捷键一样。

4. 插入日期和时间

在 Word 2010 中，用户在正在编辑的文档中可以插入固定的日期或时间，也可以插入当前的日期或时间，还可以设置日期或时间的显示格式以及对插入的日期或时间进行更新。

第一种方法是将插入点放置在要插入日期或时间的位置，单击"插入"选项卡"文本"组中的"日期和时间"按钮，打开"日期和时间"对话框，如图 3-10 所示。

"日期和时间"对话框中各选项的功能如下。

图 3-10 "日期和时间"对话框

（1）"可用格式"列表框：用来选择日期和时间的显示格式。

（2）"语言（国家/地区）"下拉列表框：用来选择显示日期和时间的语言，如中文或英语。

（3）"使用全角字符"复选框：选中该复选框将以全角方式显示日期和时间。

（4）"自动更新"复选框：选中该复选框后系统可对插入的日期和时间进行自动更新，即每次打开该文档，Word 都会自动更新插入的日期和时间，以保证当前显示的日期和时间总是最新的。

（5）"默认"按钮：单击该按纽后，文档可将当前设置的日期和时间的格式保存为默认的格式。

例如：在文档中插入日期（2013 年 6 月 1 日星期六），并设置为在打印时自动进行更新。其操作步骤如下。

步骤 1：将插入点置于需要插入日期的位置。

步骤 2：单击"插入"选项卡"文本"组中的"日期和时间"按钮，打开"日期和时间"对话框。

步骤 3：在对话框的"可用格式"列表框中选择一种显示格式，如"2013 年 6 月 1 日星期六"，然后选中"自动更新"复选框。

步骤 4：单击"确定"按钮。

第二种方法是用户在输入过程中自动插入当前日期。当用户输入日期的前半部分后，Word 会自动以系统默认的日期和时间的显示格式显示完整的日期，用户此时可以按 Enter 键插入该日期或忽略该日期继续输入。

此方法只有在输入的日期为当前日期时才激活自动插入功能，自动插入的当前日期格式与用户设置的时间格式有关，且具有自动更新的功能。

子任务二　选中文本

选择文档内容

在 Word 中，遵循"先选对象后操作"的原则。因此，必须学习正确的选取操作对象的方法。选取操作对象可以使用鼠标、键盘或者两者相结合。鼠标操作相对简单方便，所以键盘操作在此不予介绍。

（1）使用鼠标选定任意区域。

将插入点定位到要选定文本区域的起始位置，按住鼠标左键不放并向右拖动鼠标指针，一直拖动到要选定文字的结束位置，松开鼠标左键，此时被拖动过的文字呈"反白"显示，表明这些文字被选定。

（2）使用鼠标选定一行文本。

把鼠标移动到要选定文本的左侧，即选定栏，此时鼠标由原来的"I"形状变成了斜向右上方的箭头。单击鼠标左键，就可以选中这一行。

也可以这样实现：把光标定位到要选定行的开始位置，按住 Shift 键不放，再按 End 键，同样可以选定一行。

使用"一行"选定方法也可以选定连续多行，其方法是把鼠标移动到行的左边选定栏，鼠标就变成了一个斜向右上方的箭头，此时按下鼠标左键不放，把鼠标进行上下拖动就可以选定多行文字。

选定连续的任意长度文字的方法：在开始行的左边单击鼠标左键选中该行，然后按住 Shift 键不放，在要选定的结束位置再次单击鼠标左键。

（3）使用鼠标选定一句文本。

按住 Ctrl 键不放，在要选定的该句中任意一个位置单击鼠标左键，则该句子被选定。

如果想连续多句选定，可以按住 Ctrl 键不放，在第一个要选定的句子中的任意位置按下鼠标左键，选定该句；然后松开 Ctrl 键，按下 Shift 键，在要连续选定的最后一个句子的尾部单击鼠标左键，即可连续选定多个句子。

（4）使用鼠标选定一段文本。

若要选定"一段"文本区域，可以在需要选定段落中的任意位置，连续三次单击鼠标左键，则该段落被选定。也可以把鼠标移动到要选定的段落的左边，鼠标变成了一个斜向右上方的箭头，双击鼠标左键，则该段落将被选定。

如果想选定连续多个段落，在要选定的连续多个段落的左边选定区中双击选中第一个段落，然后按住 Shift 键不放，在最后一个段落中的任意位置单击鼠标左键，则可以选中连续多个段落。

（5）选中全文。

在文档左侧的选定区，连续三击鼠标左键选定全文，或者在选定区按下 Ctrl 键同时单击鼠标左键选定全文。也可以使用快捷键 Ctrl+A 选中全文。

子任务三　查找与替换

1. 常规查找

单击"开始"选项卡"编辑"组中的"查找"按钮，打开"查找和替换"对话框，或直接按 Ctrl+F 快捷键，打开对话框，然后选择"查找"选项卡，如图 3-11 所示。

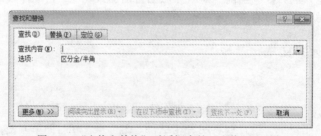

图 3-11　"查找和替换"对话框中的"查找"选项卡

在窗口"查找内容"编辑框中，直接输入需要查找的内容，单击"查找下一处"按钮，即可将光标定位在文档中第一个查找到目标处，继续单击"查找下一处"按钮，可依次查找文档中对应的内容。

2. 常规替换

在查找到文档中的特定内容后，用户还可以对其进行统一替换。

与打开"查找"方式类似，单击"替换"按钮，在"查找内容"编辑框中输入要查找的内容

（见图 3-12）："伦敦"。在"替换为"编辑框中输入要替换的内容："东京"。单击"替换"按钮，则从光标所在位置开始向后查找，并停留在第一个"伦敦"文字位置。单击"全部替换"按钮，系统将自动搜索文档中的所有"伦敦"，并将其替换为"东京"。单击"查找下一处"按钮，继续向后查找"伦敦"文字。

图 3-12　"查找和替换"对话框中的"替换"选项卡

3. 高级查找和替换

如果用户希望在查找和替换时控制搜索的范围、区分大小写、使用通配符、设置格式，或希望使用某些特殊字符（如段落标记）等，则必须借助高级查找和替换功能。

如果在图 3-12 中单击"更多"选项，可展开高级设置对话框，用来设置文档的高级替换选项，如图 3-13 所示。

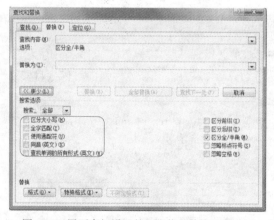

图 3-13　展开高级设置的"查找和替换"对话框

对话框中部分选项及其功能介绍如下。

（1）"搜索"下拉列表框：设置文档的搜索范围。选择"全部"选项，将在整个文本中进行搜索；选择"向下"选项，将从插入点处向下进行搜索；选择"向上"选项，将从插入点处向上进行搜索。

（2）"区分大小写"复选框：选中该复选框，可在搜索时区分大小写。

（3）"全字匹配"复选框：选中该复选框，可在文档中搜索符合条件的完整单词，而不是搜索单词中的一部分。

（4）"使用通配符"复选框：选中该复选框，可搜索输入"查找内容"文本框中的通配符、特殊字符或特殊搜索操作符。

（5）"同音（英文）"复选框：主要用于英文的查找与替换。选中该复选框后，会搜索所有与"查找内容"文本框中的内容读音相同的单词。

（6）"格式"按钮：可查找具有特定格式的文本，或将原文本格式替换为指定的格式。

（7）"特殊格式"按钮：可查找诸如段落标记、指标符等特殊标记。

下面以带格式的替换为例，将文中所有的"伦敦"二字替换为红色带下画线的"伦敦"二字。在图 3-13 的界面上，在"查找内容"后面的文本框中输入"伦敦"，再将鼠标定位至"替换为"后面的文本框，输入"伦敦"。然后单击"格式"选项，打开如图 3-14 所示的界面，鼠标定位于"替换为"后面的文本框，设置"替换为"文本的文字格式：字体红色、下画线。设置完毕，在替换为文本的格式中可以看到所设置的效果。单击全部替换按钮，效果如图 3-14 所示。

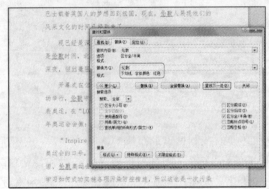

图 3-14　高级"查找和替换"操作

子任务四　自动更正

在文本的输入过程中，难免会出现一些拼写错误，如将"书生意气"写成了"书生义气"等。在 Word 2010 中提供了"自动更正"功能，在输入错误的时候会自动更正文本。

1. 设置自动更正选项

在选项卡一栏，单击右键，从快捷菜单中选择"自定义快速访问工具栏"菜单命令，打开"Word 选项"对话框。单击"校对"选项，单击右侧"自动更正选项"按钮，在弹出的"自动更正"对话框，选择"自动更正"选项卡，如图 3-15 所示。

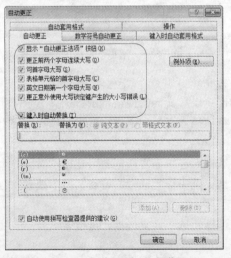

图 3-15　"自动更正"操作

选项卡中给出了自动更正的多个选项，用户可以根据需要选择相应的选项。各选项及其功能如下。

（1）"显示'自动更正选项'按钮"复选框：选中该复选框后可显示"自动更正选项"按钮。

（2）"更正前两个字母连续大写"复选框：选中该复选框后可将前两个字母连续大写的单词更正为首字母大写。

（3）"句首字母大写"复选框：选中该复选框后可将句首字母没有大写的单词更正为句首字母大写。

（4）"表格单元格的首字母大写"复选框：选中该复选框后可将表格单元格中的单词设置为首字母大写。

（5）"英文日期第一个字母大写"复选框：选中该复选框后可将英文日期单词的第一个字母设置为大写。

（6）"更正意外使用大写锁定键产生的大小写错误"复选框：选中该复选框后可对由于误按大写锁定键（Caps Lock 键）产生的大小写错误进行更正。

（7）"键入时自动替换"复选框：选中该复选框后可打开自动更正和替换功能，即更正常见的拼写错误，并在文档中显示"自动更正"图标。

（8）"自动使用拼写错误检查器提供的建议"复选框：选中该复选框后可在输入时自动用功能词典中的单词替换拼写有错误的单词。

2. 添加自动更正词条

Word 2010 提供了一些自动更正词条，通过滚动"自动更正"选项卡下面的列表框可以仔细查看"自动更正"的词条。方法是，在"替换"文本框中输入要更正的单词或文字，在"替换为"文本框中输入更正后的单词或文字，然后单击"添加"按钮即可，此时添加的新词条将自动在下方的列表框中进行排序。如果想删除"自动更正"列表框中已有的词条，可在选中该词条后单击"删除"按钮。

例如：将文档中的"电子元器件"添加到"自动更正"词条中，这样，当用户输入"电子元器"时，可自动更新为"电子元器件"。其操作步骤如下。

① 在选项卡一栏，单击右键，选择"自定义快速访问工具栏"命令，打开"Word 选项"对话框，点击"校对"，选择"自动更正选项"按钮，在弹出的"自动更正"对话框中，选择"自动更正"选项卡。

② 选中"键入时自动替换"复选框，并在"替换"文本框中输入"电子元器"，在"替换为"文本框中输入"电子元器件"。

③ 单击"添加"按钮，即可将其添加为自动更正词条并显示在列表框中。

④ 单击"确定"按钮，关闭"自动更正"对话框。

在其后输入文本时，当输入"电子元器"后，立即可看到输入的"电子元器"被替换为"电子元器件"。

自动更正的一个非常实用的用途是可以实现快速输入。因为在"自动更正"对话框中，除了可以创建较短的更正词条外，还可以将在文档中经常使用的一大段文本（纯文本或带格式文本）作为新建词条，添加到列表框中，甚至一幅精美的图片也可以作为自动更正词条保存起来，然后为它们赋予相应的词条名。这样，在文档输入时只要输入相应的词条名，再按一次空格键就可转换为该文本或图片。例如在"替换"文本框中输入"Beijing"，在"替换为"文本框中输入"北京"，以后在输入文本时输入"Beijing"后，再输入空格符，"Beijing"将被"北京"词条替换。

子任务五　英文字母大小写快速转换

在文档录入过程中，有时需要转换文档中的英文大小写，我们可以先选定英文内容，再依次单击"开始"选项、"字体"组的"更改大小写"按钮 Aa，在右侧弹出的下拉菜单中选择相应的命令，如图 3-16 所示。

图 3-16 英文字母大小写转换界面

如果想要快速转换，Word 2010 提供了 3 种组合键进行快速操作。

（1）Shift+F3：主要在 3 种状态——原文、全部大写、全部小写——下循环切换。

（2）Ctrl+Shift+A：主要在 2 种状态——原文、全部大写——下循环切换。

（3）Ctrl+Shift+K：主要在 2 种状态——原文、小写字母全部转换为"小型大写字母"（不改变已是大写的字母）——下循环切换。

案例效果见表 3-1。

表 3-1　　　　　　　　　　　英文字母快速转换表

组合键	原文	按一次组合键	按两次组合键
Shift+F3	Good Morning 词首字母大写	GOOD MORNING 全部大写	good morning 全部小写
	Good morning 句首字母大写	GOOD MORNING 全部大写	good morning 全部小写
Ctrl+Shift+A	Good Morning 词首字母大写	GOOD MORNING 全部大写	
	good morning 全部小写	GOOD MORNING 全部大写	
Ctrl+Shift+K	Good Morning 词首字母大写	GOOD MORNING 小型大写字母	
	good morning 全部小写	GOOD MORNING 全部小型大写字母	

子任务六　人民币大写

用户若与金额打交道，在录入文档时，经常需要输入人民币大写，如果能将输入的阿拉伯数字转为人民币大写，无疑会提高输入的速度。下面以输入 523456 元为例介绍。

① 在文档中输入"523456 元"，选中"523456 元"。

② 依次单击"插入"选项、"符号"组中的"编号"按钮，在弹出的对话框中选择编号类型为"壹，贰，叁…"，单击"确定"按钮，如图 3-17 所示。

图 3-17　编号转换大写

需要注意的是，如果输入的数字中包含小数，Word 会自动四舍五入。所输入的数字范围是 0-99999。如果选择的"编号类型"为"一，二，三..."，Word 中会显示为"五十二万三千四百五十六"。

图 3-18 双行合一

子任务七 双行合一

"双行合一"是 Word 2010 特有的一个功能，利用它可以简单地制作出两行合一行的效果。

① 在 Word 中输入"北京市人事局财政局文件"字样，选中"人事局财政局"这几个字。

② 依次单击"开始"选项卡、"段落"组的"中文版式"按钮，在下拉菜单中选中"双行合一"，打开对话框，将光标定位在"人事局"和"财政局"中间，然后单击"确定"按钮，结果如图 3-18 所示。然后适当调整字体、字号。

子任务八 汉字加拼音、汉字与拼音分离

在 Word 中输入汉字拼音的方法有很多种，可以使用软键盘或插入特殊符号来输入，也可以到网上找些 Word 小插件，但是这些方法的效率较低，其实完全可以使用 Word 自带的"拼音指南"功能为汉字自动加注拼音。

首先选中要加注拼音的汉字，然后依次打开"开始"选项卡、"字体"组中的"拼音指南"，在对话框中设置合适的对齐方式、偏移量、字体、字号等，最后单击"确定"即可。效果如图 3-19 所示。

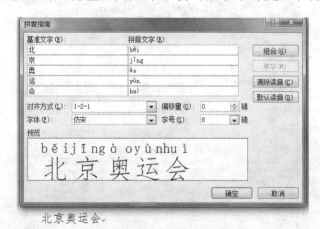

图 3-19 拼音指南

用户在使用"拼音指南"后，有时需要把汉字和拼音分离，例如制作小学语文试卷时的"看汉字写拼音"。解决这个问题最便捷的方法就是使用选择性粘贴功能。

① 选中刚才利用"拼音指南"生成的文字和拼音，按下 Ctrl+C 组合键完成复制。

② 将光标移到目标位置，然后依次单击"开始"选项卡、"剪贴板"组的"粘贴"按钮下方的小三角按钮，选择"选择性粘贴"。在打开的"选择性粘贴"对话框中选择"无格式文本"，然后单击"确定"按钮，效果如图 3-20 所示。然后再自行对汉字进行处理，完成汉字和拼音的分离。

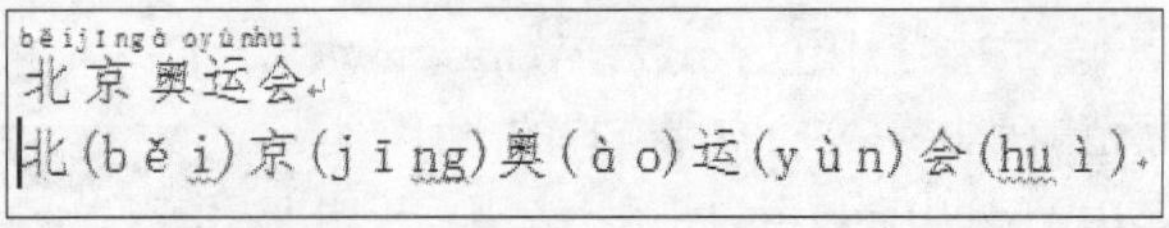

bě i jīng à o yùn huì
北京奥运会↵
北(bě i)京(jīng)奥(à o)运(yùn)会(huì)。

图 3-20　汉字和拼音分离

任务三　格式设置

子任务一　字符格式

字符格式设置是设定字符在屏幕显示和打印时的外观，可以通过"开始"选项卡、"字体"组来完成。字符格式主要包括字体、字形、字号，字体颜色，上下标、加删除线、隐藏等特殊效果，字符间距、字体缩放、动画效果等格式和属性设置，如图 3-21 所示。

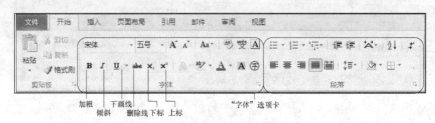

图 3-21　字符格式

利用"字体"对话框也可以完成字符格式的设置。在图 3-21 中单击"字体"组右下角的小箭头可以打开"字体"对话框，如图 3-22 所示。

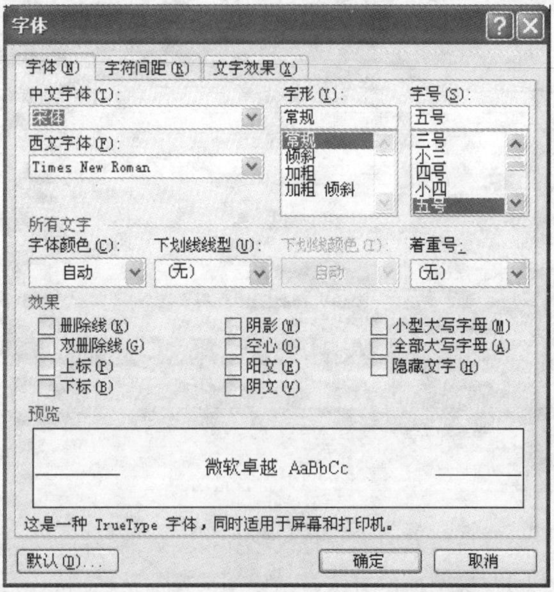

图 3-22　"字体"对话框

子任务二　段落格式

段落格式的设置包括段落的对齐方式、缩进方式、段落间距及行距等。我们可以通过打开"开始"选项卡上的"段落"组来进行设置，如图 3-23 所示。

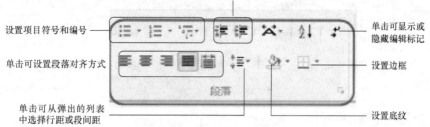

图 3-23 段落格式选项卡

对齐方式中各按钮及其功能如下。

（1）"文本左对齐"按钮 ≡。单击该按钮可使段落文本靠页面左侧对齐。

（2）"居中"按钮 ≡。单击该按钮可使段落文本居中对齐。

（3）"文本右对齐"按钮 ≡。单击该按钮可使文本靠右对齐。

（4）"两端对齐"按钮 ≡。单击该按钮可使文本对齐到页面左右两端，并根据需要增加或缩小字间距，不满一行的文本靠左对齐。

（5）"分散对齐"按钮 ≡。单击该按钮可使文本左右两端对齐。与"两端对齐"不同的是，不满一行的文本会均匀分布在左右文本边界之间。

单击段落格式右下角的 ，可以打开"段落"对话框，如图 3-24 所示。

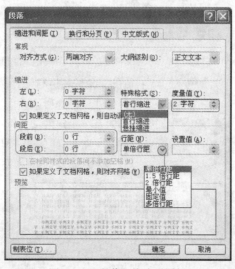

图 3-24 "段落"格式对话框

在图 3-24 中，具体操作如下。

左缩进：使整个段落中所有行的左边界向左缩进。

右缩进：使整个段落中所有行的左边界向右缩进。

首行缩进：使段落的首行文字相对于其他行向内缩进。一般情况下，段落的第一行要比其他行缩进两个字符。

悬挂缩进：使段落中除首行外的所有行向内缩进。

单倍行距：Word 默认的行距方式，也是最常用的方式。该方式下，当文本的字体或字号发生变化时，Word 会自动调整行距。

多倍行距：行距将在单倍行距的基础上增加指定的倍数。

固定值：可在其后的编辑框中输入固定的行距值，行距将不随字体或字号的变化而变化。

最小值：可以指定行距的最小值。

我们也可以利用"页面布局"选项卡"段落"组中的相应选项精确设置段落的左、右缩进及段前和段后间距。

子任务三 格式刷

在编辑文档时，如果文档中有多处内容要使用相同的格式，可以使用"格式刷"工具来复制格式，以提高工作效率。

具体操作如下：选中已设置格式的文本或者段落（含段落标记），单击"开始"选项卡上"剪贴板"组中的"格式刷"按钮 ✔ 格式刷，此时鼠标指针变成刷子形状，拖动鼠标选择要应用该格式的文本或段落即可。

在 Word 中，段落格式设置信息被保存在每段后的段落标记中。因此，如果只希望复制字符格式，就不要选中段落标记；如果希望同时复制字符格式和段落格式，则务必选中段落标记。如果只希望复制某段落的段落格式，只需将插入符置于源段落中，单击"格式刷"按钮，再单击目标段落即可，无需选中段落文本。

如果将所选格式应用于文档中多处内容，只需双击"格式刷"按钮 ✔ 格式刷，然后依次选中要应用该格式的文本或段落。此方式下，若要结束格式复制操作，需按 Esc 键或再次单击"格式刷"按钮 ✔ 格式刷。

子任务四 项目符号和编号

输入文本后，选中要添加项目符号或编号的段落，在"开始"选项卡上"段落"组中单击"项目符号"按钮 ☰ 或者"项目编号"按钮 ☰ 右侧的三角按钮进行设置。在展开的列表中选择一种项目符号或编号样式，可为所选段落添加所选项目符号或编号。

图 3-25 自定义项目符号

如果我们对系统预定的项目符号和编号不满意，需要一些特殊的项目符号，那么可以点击项目符号的下拉菜单，然后点"定义新项目符号"，打开如图 3-25 所示的界面，单击"符号"按钮，从中选择合适的符号，在预览中可以看到实际的效果图。也可以点击"图片"，从外部导入图片来实现项目符号的效果。单击"确定"按钮即可添加自定义的项目符号。

自定义编号的实现方式与自定义符号的实现方式类似，只要在"项目编号" ☰ 右侧的下拉菜单中单击"定义新项目编号"选项，在打开的"定义新编号格式"对话框中选择需要的编号样式，在"编号格式"编辑框中输入需要的编号格式（注意不能删除"编号格式"框中带有灰色底色的数值），单击"确定"按钮，即可添加自定义的编号格式。

子任务五 带圈数字

用户在编辑 Word 文档时，为使内容条理、清晰，经常要用到如"①②③…⑩"等带圈数字，在 Word 2010 中可以利用下列方法之一来输入这些带圈数字。

（1）利用输入法完成。打开中文输入法，在输入法图标上右键单击，然后在弹出的菜单中选择"属性"可以打开软键盘，如图 3-26 所示。其中有一个数字序号，按下 Shift 键，同时单击所需要的带圈数字即可。如果不按下<Shift>键，则出现（一）、（二）……的效果。这种方法的缺点是只能输入 10 以内的数字。

图 3-26 软键盘

（2）利用"带圈字符"来完成。先打开"开始"选项卡，在"字体"组中找到"带圈字符"并单击，打开对话框。选择增大圈号，然后输入 13，选择圈号，如图 3-27 右图所示。最后单击"确定"按钮。效果如图 3-27 左图所示。

（3）插入符号来实现。在"插入"选项卡中，找到"符号"组单击弹出的下拉菜单，然后单击"其他符号"，打开符号对话框。从右上方的子集中找到"带括号的字母数字"，然后在字符区中可以找到 20 以内的带圈数字。单击"插入"就可以了，如图 3-28 所示。

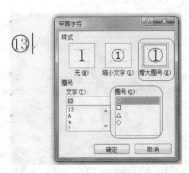

图 3-27 带圈字符

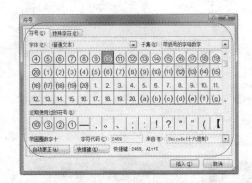

图 3-28 插入符号

子任务六 首字下沉

我们经常在报纸上或者杂志上看到，一些文章开始的第一个字很大，这是因为使用了"首字下沉"的效果。想实现这种效果，先将光标移到文档第一段的开头，然后打开"插入"选项卡，在"文本"组中单击"首字下沉"，单击"首字下沉选项"，对下沉行数、字体、距离进行设置。设置完毕，单击"确定"按钮可以实现文章第一段第一个字下沉，如图 3-29 所示。

图 3-29 首字下沉

子任务七　文本排序

Word 2010 提供了文本排序功能。先选中需要排序的文本，然后在"开始"选项卡"段落"组中，单击"排序"按钮 ， 打开"排序文字"对话框，如图 3-30 所示，在类型中可以按照字母、数字、日期或者汉字拼音以升序或者降序排序。最后单击"确定"按钮即可以实现。

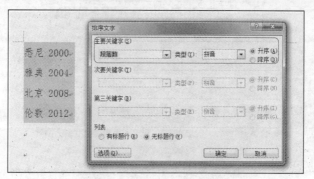

图 3-30　"排序文字"对话框

项目二　文档的图文混排

学习目标：

1. 掌握图片插入;
2. 掌握图形、文本框插入;
3. 掌握艺术字插入;
4. 掌握 SmartArt 图形插入。

任务四　文档中图片的使用

子任务一　插入剪贴画

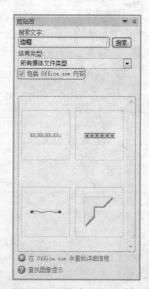

我们可以在 Word 文档中插入符合主题的各种剪贴画和外部图片，使文档更加生动形象。插入图片后，在 Word 的功能区将自动出现"图片工具"对话框"格式"选项卡，利用该选项卡可以对插入的图片进行各种编辑和美化操作。

Word 2010 提供了多种类型的剪贴画，这些剪贴画构思巧妙，能够表达不同的主题，用户可根据需要将其插入到文档中。具体操作步骤如下。

① 打开需要插入图片的文档，然后将插入符置于要插入剪贴画的位置，然后单击"插入"选项卡"插图"组中的"剪贴画"按钮，在窗口右侧打开"剪贴画"任务窗格。

② 在"剪贴画"任务窗格的"搜索文字"编辑框中输入要插入的剪贴画的相关主题或关键字，如输入"边框"；在"结果类型"下拉列表框中选择文件类型，如"所有媒体文件类型"；选中"包括 Office.com 内容"复选框作为搜索的范围，如图 3-31 所示。

图 3-31　"剪贴画"对话框

③ 设置完毕，单击"搜索"按钮。搜索完成以后，在搜索结果预览框中将显示所有符合条件的剪贴画，包括来自 Microsoft Office.com 的剪贴画和图片，单击所需的剪贴画即可将其插入文档中。

在搜索结果预览框中单击图片右侧的下拉按钮，在弹出的的菜单中选择"保存以供脱机时使用"，可将其保存到用户的电脑中。若不选中"包括 Office.com 内容"复选框，可直接从"Office 收藏集"文件夹中查找 Office 2010 附带的剪贴画；若单击"在 Office.com 中查找详细信息"链接，可在网上手动搜索需要的剪贴画。

子任务二　插入外部图片

在 Word 2010 文档中，除插入系统自带的剪贴画外，还可以将保存在电脑中的其他图片插入到 Word 文档中。具体操作如下。

① 将插入符置于要插入图片的位置。

② 单击"插入"选项卡"插图"组中的"图片"按钮，打开"插入图片"对话框，如图 3-32 所示。在"查找范围"下拉列表中选择存放图片的位置，在文件列表中单击选择要插入到 Word 文档中的图片。

图 3-32　"插入图片"对话框

③ 单击"插入"按钮，将图片插入到文档中。

如果要一次插入多张图片，可在"插入图片"对话框中按住 Ctrl 键，同时单击选择要插入的图片，然后单击"插入"按钮。若要删除文档中的图片，可先将其选中，然后按 BackSpace 键或 Delete 键。

子任务三　设置图片环绕方式、对齐和旋转

默认情况下，图片是以嵌入方式插入到文档中的，此时图片的移动范围受到限制。若要自由移动或对齐图片等，需要将图片的文字环绕方式设置为非嵌入型。

（1）设置图片环绕方式的步骤：在打开的文档中单击已插入的图片，然后依次单击"图片工具"、"格式"选项卡上"排列"组中的"自动换行"按钮，在展开的列表中选择一种环绕方式，如"四周型环绕"项，如图 3-33 所示。

（2）设置图片对齐方式的步骤：单击"排列"组中的"对齐"按钮，在展开的列表中选择一种对齐方式，例如，"左对齐"，将图片相对于页面对齐，如图 3-34 所示。

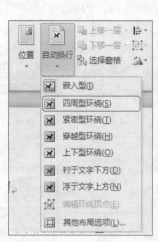  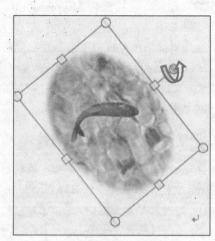

图 3-33 设置图片环绕方式和对齐　　　　　　图 3-34 旋转图片

（3）设置图片旋转的步骤：将图片的文字环绕方式设置为"紧密型环绕"，然后在"自动换行"列表中选择"编辑环绕顶点"，此时图片四周将出现红色虚线框。

拖动虚线框上的环绕顶点可调整其位置；单击虚线边框并拖动可添加环绕顶点并调整其位置；按住 Ctrl 键单击环绕顶点可将其删除。按 Esc 键取消编辑状态。

下面我们将图片进行旋转。选中图片以后，其上方会自动显示绿色旋转点。将鼠标指针移至旋转点时指针会变为可旋转形状，此时按住鼠标左键并拖动即可自由旋转图片，如图 3-34 所示。

若要将图片按一定角度旋转，可在选中图片后单击"排列"组中的"旋转"按钮，在展开的列表中选择所需选项。

若"旋转"列表中没有所需选项，可在"旋转"列表中单击"其他旋转选项"，打开"布局"对话框并显示"大小"选项卡，然后调整该对话框"旋转"编辑框中的数值，满意后单击"确定"按钮关闭对话框。

子任务四　美化图片

在 Word 中除了可以对图片进行各种编辑操作以外，还可以在选中图片以后，利用"格式"选项卡"图片样式"组快速为图片设置系统提供的漂亮样式，或为图片添加边框、设置特殊效果等，还可以利用"调整"组调整图片的亮度、对比度、颜色等。操作步骤如下。

① 单击图片，然后单击"格式"选项卡上"图片样式"列表框右下角的"其他"按钮，如图 3-35 所示。

单击"调整"组中的响应按钮，可调整所选图片的亮度、对比度和颜色等。　利用样式列表可为所选图片快速设置样式。　利用这几个选项可设置图片的边框、特殊效果和版式。

图 3-35　美化图片的选项

② 在展开的样式列表中选择所需样式，如"柔化边缘椭圆"，如图 3-36 左图所示，得到如图 3-36 右图所示的效果。

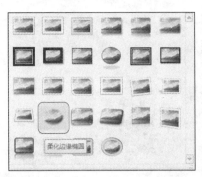

图 3-36　设置图片样式

③ 利用"选择对象"选项选中图片，单击"调整"组中的"颜色"按钮，在展开的列表中选择一种颜色，如图 3-37 上图所示，效果如图 3-37 下图所示。

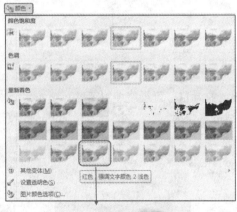

图 3-37　为图片重新着色

任务五　图形

子任务一　绘制图形

要在文档中插入、绘制图形，可单击"插入"选项卡"插图"组中的"形状"按钮，在展开的列表中选择一种形状，然后在文档中按住鼠标左键不放手并拖动，释放鼠标键后即可绘制出相应的图形，如图 3-38 左图所示。

与图片一样，选中图形后，其周围将出现 8 个蓝色的大小控制柄和一个绿色的旋转控制柄，利用它们可以缩放和旋转图形。此外，部分图形中还将出现一个黄色的控制柄，拖动它可调整图形的变换程度，如图 3-38 右图所示。

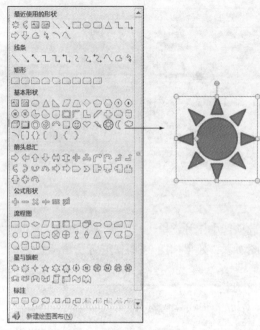

图 3-38　绘制图形

　　绘制图形时，按住 Shift 键拖动鼠标可绘制规则图形。例如，绘制直线时，按住 Shift 键拖动鼠标，可限制此直线与水平线的夹角为 15°、30°、45°；绘制矩形时，可绘制成正方形；绘制椭圆时，可绘制成正圆。

子任务二　设置图形样式

　　Word 2010 提供了多种可直接应用于图形的样式以美化图形。用户只需双击图形，打开"格式"选项卡，然后单击"形状样式"组"样式"列表框右下角"其他"按钮，在展开的图片样式列表中选择所需样式即可，如图 3-39 所示。

子任务三　设置图形的轮廓和填充

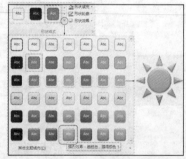

图 3-39　样式应用

　　除了使用系统内置的样式快速美化图形外，我们还可自行设置图形的轮廓、填充、效果等。操作步骤如下。

　　① 绘制太阳图形。

　　② 选中图形，单击"格式"选项卡上"形状样式"组中的"形状轮廓"按钮右侧的三角按钮，在展开的列表中选择"粗细"子列表中的选项可设置自选图形的轮廓线粗细，如图 3-40 左图所示。

　　③ 再次单击"形状轮廓"按钮右侧的三角按钮，从展开的列表中选择轮廓线的颜色，如红色。

　　④ 单击"形状填充"按钮右侧的三角按钮，在展开的列表中可选择图形的填充颜色，如图 3-40 所示，此时的图形效果如图 3-40 右下图所示。

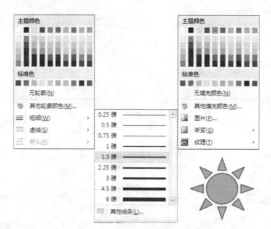

图 3-40　设置图形的线条和填充

子任务四　添加效果

利用"格式"选项卡上"形状样式"组中的"形状效果"按钮，可以为图形添加阴影、映像、发光、柔滑边缘等效果。

要为图形设置阴影效果，只需选中图形，单击"格式"选项卡上"形状样式"组中"形状效果"按钮右侧的三角按钮，在展开的列表中选择"阴影"效果样式。

若要为图形设置其他效果，只需再次单击"形状效果"按钮右侧的三角按钮，在展开的列表中选择一种效果样式，如依次选择"发光"、"紫色，18pt 发光，强调文字颜色 4"项，如图 3-41 所示。

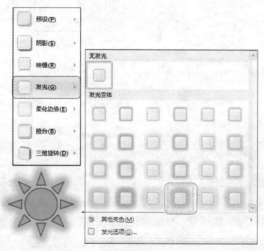

图 3-41　设置图形的发光效果

子任务五　排列和组合图形

默认情况下，Word 会根据插入的对象（非嵌入型的图片、自选图形、文本框和艺术字等）的先后顺序确定对象的叠放层次，即先插入的对象在最下面，最后插入的图形在最上面，这样处在上层的图形将遮盖下面的图形。

要改变对象的叠放次序，可选中要改变叠放次序的图形，单击"格式"选项卡上"排列"组中的

"上移一层"或"下移一层"按钮，或单击其右侧的三角按钮，在展开的列表中选择所需选项。

组合图形的具体操作步骤如下。

① 单击选中第一个图形，然后按下 Shift 键，同时单击其他要参与组合的图形；

② 单击"格式"选项卡上"排列"组中的"组合"按钮，在展开的列表中选择"组合"，可将所选图形组合为一个图形单元。

要取消组合，可右击组合图形，在弹出的快捷菜单中依次选择"组合"、"取消组合"项。

任务六　文本框

子任务一　创建文本框

单击"插入"选项卡上"文本"组中的"文本框"按钮，在展开的列表中选择"绘制文本框"和"绘制竖排文本框"，如图 3-42 所示。然后在文档中拖动鼠标，可绘制横排文本框和竖排文本框。绘制完成以后，其内有一个闪烁的光标，此时可在其中输入文字。

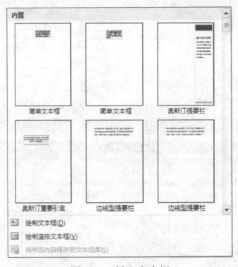

图 3-42　插入文本框

子任务二　美化文本框

创建文本框以后，我们可利用"格式"选项卡对文本框的样式、边框、填充、效果、排列、大小和文本框内的文字方向等进行设置，设置方法与普通自选图形相似。图 3-43 所示为将文本框形状设置为"竖卷型"，并为其应用"彩色轮廓-蓝色，强调颜色 1"样式后的效果。

图 3-43　文本框效果

子任务三　设置文本框内文本的位置

要设置文本框内的文本距文本框的距离，以及文本相对于文本框的对齐方式等，操作方法如下。

① 右击要进行设置的文本框，在弹出的快捷菜单中选择"设置形状格式"项，打开"设置形状样式"对话框，然后单击对话框左侧"文本框"选项。

② 切换至"文本框"设置界面，在对话框右侧的"内部边距"选项区可设置文本距文本框的

上、下、左、右边缘的距离。例如：设置左、右、上、下边距值均为"0.2厘米"。

　③ 在"垂直对齐方式"设置区可选择文本相对于文本框的对齐方式，如选择"中部对齐"选项，将文本对齐在文本框的中部，最后单击"确定"按钮。

艺术字

　艺术字体可以为文字增加有趣的特殊艺术效果，特别是当用于标题修饰时，会使文档更加生动活泼，富有艺术色彩和吸引力。

　在文档中创建艺术字，方法如下。

　① 确定插入符，然后单击"插入"选项卡上"文本"组中的"艺术字"按钮，打开"艺术字样式"列表，选择一种艺术字样式，如图 3-44 所示。

图 3-44　插入艺术字

　② 此时在文档的插入符出现一个艺术字文本框占位符"请在此放置您的文字"，如图 3-45 所示，直接输入艺术字文字即可。

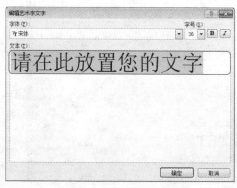

图 3-45　编辑艺术字文字

任务八　　插入和编辑 SmartArt 图形

　SmartArt 图形主要用于在文档中列示项目、演示流程、表达层次结构或者关系，并通过图形结构和文字说明有效地传达作者的观点和信息。

子任务一　插入 SmartArt 图形并添加文本

　Word 2010 提供了多种样式的 SmartArt 图形，用户可根据需要选择适当的样式插入到文档中。

操作步骤如下。

① 确定插入符，然后单击"插入"选项卡的"插图"组中"SmartArt"按钮，打开"选择SmartArt 图形"对话框，可看到内置的 SmartArt 图形库，有列表、流程、循环、层次结构、关系、矩阵、棱锥图、图片等八大类。

② 单击所需的类型和布局。例如：单击"循环"类型，然后在对话框右侧选择一种布局样式，如"基本循环图"，如图 3-46 所示。

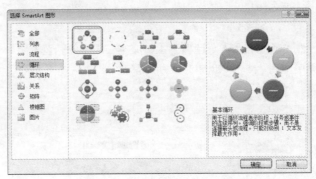

图 3-46　选择图形类型和布局

③ 单击"确定"按钮，即可在插入符所在位置插入所选的基本循环图的框架，并显示"在此处键入文字"窗格和"SmartArt 工具设计"选项卡，从中可看到 SmartArt 图形由两部分组成，图形区域和形状。创建 SmartArt 图形后，默认将选中图形区域，并在其周围显示一个灰色的方框，我们也可以单击图形区域的任意处将其选中。图形区域中的图形被称为形状，它里面的"文本"字样被称为占位符，用于指示文字的输入位置。

④ 此时插入符在左侧的"在此处键入文字"窗格中闪烁，输入所需文本，右侧形状中相应显示输入的文本，也可以在右侧的形状内单击"文本"占位符中的"[文本]"，然后输入文本。

⑤ 用同样的方法输入其他所需的文本，效果如图 3-47 所示。

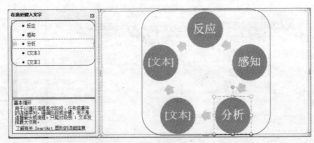

图 3-47　在图形中输入文本

子任务二　编辑 SmartArt 图形

插入 SmartArt 图形后，可以利用"SmartArt 工具"选项卡的子选项"设计"和"格式"对插入的图形进行编辑操作，如更改布局、套用样式、添加或删除形状、设置形状样式及形状内文本的样式等。

更改 SmartArt 图形的布局和样式，可在"SmartArt 工具"子选项"设计"中进行操作。

（1）在 SmartArt 图形内单击，显示"SmartArt 工具"选项卡，单击"设计"选项，单击"布局"组右侧的"其他"按钮，在展开的列表中重新选择一种布局即可，如图 3-48 所示。

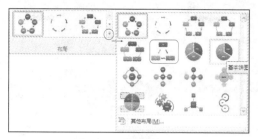

图 3-48　更改图形布局

（2）要更改 SmartArt 图形样式，可单击"SmartArt 样式"组中的"其他"按钮，在展开的列表中重新选择一种样式即可，如图 3-49 所示。

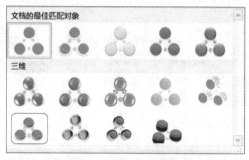

图 3-49　更改图形样式

（3）要更改颜色，可单击"SmartArt 样式"组中的"更改颜色"按钮，在展开的列表中选择一种颜色。

插入 SmartArt 图形后，可根据需要在图形中添加或删除形状。

（1）选中某个形状，将其作为基本形状，然后单击"SmartArt 工具"子选项"设计"上"创建图形"组中"添加形状"按钮右侧的三角按钮，在展开的列表中选择要添加的形状的位置，即可在基准形状的后面或前面插入新的形状。

（2）若要从 SmartArt 图形中删除形状，可单击要删除的形状，此处按住 Ctrl 键可同时选中几个形状，然后按 Delete 键即可。

与图片一样，SmartArt 图形也是以嵌入的方式插入到文档中的，若要任意移动 SmartArt 图形，操作步骤如下。

① 右键单击 SmartArt 图形的淡蓝色边框，在弹出的的快捷菜单中选择"自动换行"项，然后在打开的子菜单中选择除"嵌入式"以外的任意一种环绕方式。

② 将鼠标指针移到 SmartArt 图形的边框上，当鼠标指针变为带十字的形状时，按住鼠标左键并拖动，可将 SmartArt 图形拖动到需要的位置。

要更改 SmartArt 图形的大小，可将鼠标指针移到 SmartArt 图形的边角上，当鼠标指针变为双箭头形状时，按住鼠标左键并拖动即可。

项目三　文档中的表格

学习目标：

1. 掌握在 Word 中创建表格的多种方法；
2. 掌握编辑表格的方法；

3. 掌握美化表格的方法;

4. 掌握表格的其他应用。

创建和编辑表格

子任务一　创建表格

在日常的 Word 文档处理时,会经常遇到表格,Word 2010 提供了非常强大的表格操作功能,不仅可以使用表格显示各种信息,还可以在表格中统计数据。

表格是由水平的行和垂直的列组成的,行与列交叉形成的方框称为单元格。

最常用的创建表格方式是通过"插入表格"对话框。

在"插入"选项卡的"表格"组中单击"表格"下拉菜单,选择一定的行数和列数就可以完成,如图 3-50 所示。也可以单击"表格"下拉菜单中的"插入表格",在弹出的菜单中输入行数和列数,单击"确定"即可。

图 3-50　插入表格

创建好表格之后,要在表格中输入内容,只需在表格中相应单元格中单击鼠标,然后输入内容即可。也可以使用左、右方向键在单元格中移动插入符以确定插入符,然后输入内容。

子任务二　插入与删除行、列和单元格

1. 插入行、列

选定与插入位置相邻的行,然后在"表格工具"的"布局"选项卡中找到"行和列"组,如图 3-51 所示,点击"在上方插入"或者"在下方插入"按钮可以完成在光标所在位置的上方或者下方添加行。点击"在左侧插入"或者"在右侧插入"可以完成在光标所在位置的左侧或者右侧添加列。

图 3-51　布局选项卡

2. 删除单元格、行、列

要删除单元格、行、列或者表格,先将光标位置定位于所要删除的行或者列上,然后在"行和列"中点击"删除"下拉菜单。在出现的选项中选择"删除行"或者"删除列"就可以删除光标所在行或者列。

子任务三　调整行高和列宽

在使用表格时,我们经常需要调整表格的行高和列宽。调整单元格行高和列宽的方法基本一样,现以调整列宽为例。

第一种方式是将鼠标移动到表格的列上，当鼠标变成水平拉升箭头时，拖动鼠标在水平标尺上移动，此时会出现一条虚线，表示边界的新位置。此时松开鼠标就可以完成操作。

第二种方式是精确调整列宽。将插入点移到调整列宽的列中或选定该列，如果选定的只是几个单元格，则以下的操作只针对选定的单元格。单击"布局"选项卡中的"表"组，单击"属性"可以打开属性对话框。单击"列"选项卡，在"指定宽度"复选框中勾选对号，输入指定的宽度值，单击"确定"按钮完成。对行高的设置同样可以在"行"组中完成，如图 3-52 所示。

图 3-52　表格属性

子任务四　单元格的合并和拆分

Word 中允许用户将多个单元格合并为一个单元格。先选定要合并的单元格，如图 3-53 所示，然后单击"布局"选项卡中的"合并"组，单击"合并单元格"，Word 将会删除所选单元格之间的边界，建立一个新的单元格。

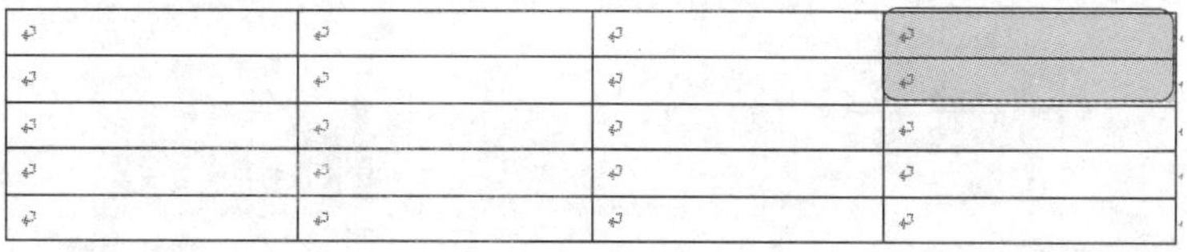

图 3-53　合并单元格

图 3-54　拆分单元格

Word 中还允许将一个单元格拆分为多个单元格。选定要拆分的单元格，然后单击"布局"选项卡中的"拆分"组，单击"拆分单元格"，打开"拆分单元格"对话框，如图 3-54 所示。如果选中的是多行，用户可以选择"拆分前合并单元格"，先将已选中的多个单元格合并成一个单元格，然后再输入指定的列数和行数，单击"确定"按钮就可以完成拆分。如果选择的是一个单元格，则直接输入列数和行数，然后单击"确定"按钮就可以完成拆分。

子任务五　表格中文字的对齐方式

默认情况下，单元格内文本的水平对齐方式为两端对齐，垂直对齐方式为顶端对齐。要调整单元格中文字的对齐方式，可首先选中单元格、行、列或表格，然后依次单击"表格工具"、"布局"选项卡上"对齐方式"组中的相应按钮。

如果想调整表格在页面中的对齐方式，可首先选中整个表格，然后单击"开始"选项卡"段落"组中的对齐按钮。

子任务六　边框和底纹

一个新表刚创建的时候，Word 默认用 1/2 磅的黑色单实线表示表格的边框。为了使表格边框更加美观，还可以自行为选择的单元格或表格设置不同的边线和填充风格。

设置边框的步骤：选中要设置边框的表格，单击"设计"选项卡中"表格样式"组的"边框"下拉菜单，如图 3-55 所示。

在菜单中可以对表格中所有线条进行设置。如果要改变线型，可以在"设计"选项卡中"绘图边框"组的"笔样式"下拉菜单选择不同的线条。如果要改变宽度，可以在"绘图边框"组的"笔划粗细"下拉菜单选择不同磅值的线条。也可以打开"边框和底纹"菜单，对表格进行设置，或者在自定义中对表格任意一条线进行不同效果的设置。

如果想强调某些单元格的内容，可以给单元格添加底纹。鼠标先选定要设置底纹的单元格，然后依次单击"表格工具"、"设计"选项卡上"表格样式"组的"底纹"按钮右侧的三角按钮，如图 3-56 所示。选择一种底纹颜色，将鼠标在颜色上稍作停留，就能在表格上看到预览效果。

图 3-55　表格边框的设置

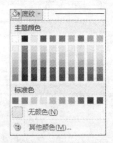

图 3-56　底纹设置

任务十　表格的其他应用

子任务一　数据排序

在 Word 中，可以按照递增或递减的顺序将表格内容按笔画、数字、拼音或日期等进行排序。具体操作如下。

表格排序时，只要将插入点移入表格内的任何位置，Word 会搜索表格范围自动选定整个表格。Word 具有极强的自动搜索功能，打开"排序"对话框时，已经搜索到表格所有标题行，并且用栏目名称替代了"排序依据"下拉列表内的栏目。如果先选定了表格区域，系统将只按照选定区域进行排序操作。

以表 3-2 为例，选择需要排序的列之后，然后选择"布局"选项卡，在"数据"组中点击"排序"，打开如图 3-57 所示的界面。在"主要关键字"下拉菜单中可以看到所有表格的列标题，选择"姓名"为"主要关键字"、排序方式为"升序"，对表格内容排序。结果如表 3-3 所示。

表 3–2 　　　　　　　　　　　　　　学生成绩表

姓名	语文	数学	英语	总分
马兵	78	91	80	
刘晓春	73	92	69	
吴德亮	93	66	72	
齐小丽	84	80	93	

图 3-57 "排序"对话框

表 3–3 　　　　　　　　　　　　　　完成排序后的表格

姓名	语文	数学	英语	总分
刘晓春	73	92	69	
马兵	78	91	80	
齐小丽	84	80	93	
吴德亮	93	66	72	

如果需要用更多的列作为排序的依据，可以在"次要关键字"框中选择其他列。如果有必要，甚至可以在"第三关键字"框中选择其他列。

注意

要进行排序的表格中不能有合并后的单元格，否则无法进行排序。

子任务二　计算

对于表格中的数据，经常需要对它们进行计算。我们可以通过输入带有加、减、乘、除（+、-、*、/）等运算符的公式进行计算。表格中的计算都是以单元格或单元格区域为单位进行的。Word 2010 中用英文字母"A，B，C……"从左至右表示列，用正数"1，2，3……"自上而下表示行。每一个单元格的名字则由它所在的行和列的编号组合而成的，如 A1 表示位于第一列、第一行的单元格。A1：B3 表示以 A1 到 B3 单元格为对角线的矩形区域。

以表 3-3 行求和为例。先将插入点移到存放求和数据的单元格中，一般是一行或一列的最后一个单元格，然后依次选择"表格工具"、"布局"选项卡，在"数据"组中单击"公式"，打开公式对话框，在公式对话框中可以看到等待输入的内容，打开"粘贴函数"下拉列表框，点选 SUM 函数，看到如图 3-58 所示的界面，在括号中输入需要计算的区域。b2：d2 表示自第二列第二行开始至第四列第二行结束的区域，即马兵的语文、数学、英语三门课程的分数。单击"确定"按钮就可以完成求和。依此类推，将鼠标分别移到第二行及以后的总分一栏中，然后重复上述步骤，使用求和函数 SUM，即可完成其余人员的总分求和。求和后表格如表 3-4 所示。对数据列的求和方法与此类似，不再赘述。

图 3-58　利用公式计算单元格的值

表 3-4　　　　　　　　　　　　完成总分求和的表格

姓名	语文	数学	英语	总分
刘晓春	73	92	69	234
马兵	78	91	80	249
齐小丽	84	80	93	257
吴德亮	93	66	72	231

　　若要对数据进行其他运算，可删除"公式"编辑框中除"="以外的内容，然后从"粘贴函数"下拉列表框中选择所需的函数，如"AVERAGE"（表示求平均值的函数），最后在函数右侧的括号内输入要运算的参数值。例如，输入"= AVERAGE（c2：d2）"，表示计算 c2 至 d2 单元格区域数据的平均值。

　　由于表格中的运算结果是以域的形式插入到表格中的，所以当参与运算的单元格数据发生变化时，公式也可以快速更新计算结果，用户只要将插入符放置在运算结果的单元格中，并单击运算结果，然后按 F9 键即可实现数据的更新。

子任务三　标题行自动重复

　　在 Word 中制作表格时，如果创建的表格超过了一页，Word 就会自动拆分表格。要使分成多页的表格在每一页的第一行都显示标题行，在每一页手工添加标题肯定不是一个好的方法。下面利用表格的属性自动实现标题行重复，可以用下面两种方法来实现。

　　（1）选择表格，在"布局"选项卡中打开"数据"组，单击"重复标题行"，可以实现，如图 3-59 左图所示。

　　（2）选择表格，右单击鼠标，在弹出的菜单中选择"表格属性"，在"行"选项卡中的"在各页

图 3-59　"表格属性"窗口

顶端以标题行形式重复出现"勾选对号，单击"确定"按钮，如图 3-59 右图所示。如果要重复的不止一行，可以选中多行，然后再设置标题行重复。

子任务四　斜线表头

在实际制作表格时，有时为了更清楚地标识表格中的内容，往往需要在表头用斜线将表格中的内容按类别分开。与早期版本相比较，Word 2010 没有绘制斜线表头的功能，想要实现此功能，只能使用表格中的"斜下框线"命令。

将光标置于表格左上角的单元格，然后依次打开"表格工具"、"设计"选项卡，在"表格样式"组中，单击"边框"下拉菜单，从下面选择"斜下框线"，即可在插入符所在单元格插入斜线，如图 3-55 所示。

子任务五　文本与表格互相转换

1．表格转换成文本

在 Word 中，用户可以将表格中的文本转换为由逗号、制表符或其他字符为文字分隔符的普通文字。要将表格转换为文本，只需在表格中的任意单元格中单击，然后依次单击"表格工具"、"布局"选项卡上"数据"组中的"转换为文本"按钮，打开"表格转换为文本"对话框，在其中选择一种文字分隔符，单击"确定"按钮即可，如图 3-60 所示。

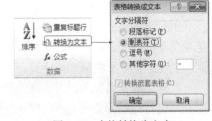

图 3-60　表格转换为文本

在"表格转换为文本"对话框中选择"段落标记"，表示将每个单元格的内容转换成一个文本段落；选择"制表符"或"逗号"，表示将每个单元格的内容转换后用制表符或逗号分隔，每行单元格的内容成为一个文本段落。也可选择"其他字符"单选钮，然后在其后的编辑框中键入用作分隔符的半角字符。

2．文本转换为表格

在 Word 中，我们将插入点移到需要转换为表格的文本处，在要划分列的位置插入所需的分隔符（如段落标记、逗号、制表符、空格等）。

选中要转换为表格的文本。选择"表格"下拉菜单中的"文本转换成表格"命令，弹出"将文字转换成表格"对话框，如图 3-61 所示。

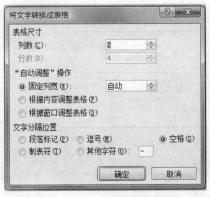

图 3-61　将文字转换为表格

在"文字分隔位置"下，单击所需的分隔符选项。还可以选择其他所需选项，例如，在"列数"微调框中输入表格的列数，在"行数"微调框中输入表格的行数。单击"确定"按钮，生成表格。

项目四　高级编排

学习目标：

1. 掌握在 Word 中设置分隔符及添加页眉页脚；
2. 掌握邮件合并；
3. 掌握其他应用。

任务十一　设置分隔符及添加页眉页脚

子任务一　设置分隔符

Word 的分隔符包括分节符和分页符。通过为文档分页和分节，可以灵活安排文档内容。

节是文档格式化的最大单位，只有在不同的节中，才可以对统一文档中的不同部分进行不同的页面设置，如设置不同的页眉、页脚、页边距、文字方向或分栏版式等格式。

此外，通常情况下，用户在编辑文档时，系统会自动分页。如果要对文档进行强制分页，可通过插入分页符实现。

将插入符置于需要分节的位置，然后在"页面布局"选项卡中单击"页面设置"组中的"分隔符"按钮，在展开的列表中选择"分节符"组中的"下一页"项，如图 3-62 所示。此时在插入符所在位置插入一分节符，并将分节符后的内容显示在下一页中。

要插入分页符，可将插入符置于需要分页的位置，然后在"分隔符"列表中选择"分页符"项，此时插入符后面的内容显示在下一页中，并且在分页处显示一个虚线分页符标记。

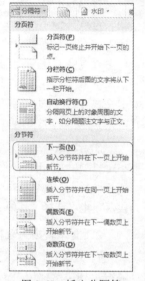

图 3-62　插入分隔符

子任务二　添加页眉、页脚和页码

在文档打印时经常需要加入页码，这样方便我们阅读和浏览。打开"插入"选项卡，在"页眉和页脚"组中找到"页码"，单击下拉菜单，菜单如图 3-63 右图所示。可以选择在页面顶端、页面底端设置页码。也可以点"设置页码格式"，打开"页码格式"对话框，选择不同类型的编号格式，然后单击"确定"按钮，如图 3-63 左图所示。

图 3-63 页码及页码格式

如果要设置页眉或者页脚，单击"页眉和页脚"组中的"页眉"按钮右侧三角菜单，选择一种模式，如图 3-64 所示。

如果要设置奇偶页不同的页面效果，需要打开"页面布局"选项卡，然后找到"页面设置"组，单击右下角的箭头，打开"版式"选项卡，在"页眉和页脚"选项中选择"奇偶页不同"，单击确定。

接下来就要到文档页面中双击奇数页页眉或者页脚添加信息或者进行位置的调整，添加完毕后双击偶数页页眉或者页脚添加信息或者进行位置的调整。最后单击右上角的"关闭页眉和页脚"按钮。

要修改页眉和页脚内容，只需在页眉或页脚位置双击鼠标进入页眉和页脚编辑状态，然后修改页眉或页脚。

图 3-64　页眉

任务十二　邮件合并

Word 2010 的"邮件合并"功能能够在任何重复使用的模板化文档的制作中发挥大作用。在日常工作中，往往需要打印大量信函、通知、邀请函、成绩单、毕业证书等函件，它们的格式完全一样，只是部分内容（如单位、地址、部门、姓名或编号等）不同。"邮件合并"可以把含有公用内容的"主文档"和存放个性化数据的"数据源"的文档合并，从而简便高效地集中处理文档。

执行"邮件合并"操作时涉及两个文档——主文档和数据源文件。主文档是邮件合并内容中固定不变的部分，即信函中通用的部分。数据源文件指"数据源"文档，存放着更新文本内容的信息。在操作时，首先创建这两个文档，然后将它们关联起来，也就是标识数据源文件中的信息在文档中的什么位置出现。

子任务一　创建主文档

创建主文档的方法与创建普通文档相同。以制作录取通知书为例，具体演示"邮件合并"功能的使用。主文档是录取通知书.doc，数据源是联系人.xlsx。

录取通知书模板如图 3-65 所示。

图 3-65　主文档"录取通知书"

主文档中的姓名和专业两个位置用于和数据源关联，此处用下划线替代。完成关联之后数据源中的相应数据会出现在下划线上。

子任务二　创建数据源

制作录取通知书时，除了正文基本信息之外，还需要有姓名和专业两个信息。用户在邮件合并中可以使用多种格式的数据源，数据源可以是 Excel 工作表、Word 表格，也可以是其他类型的数据文件。以 Excel 文件为例。

数据源内容如图 3-66 所示。

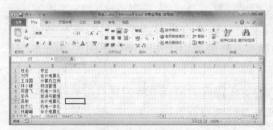

图 3-66　数据源

子任务三　邮件合并

数据源和主文档创建好之后，接下来进行邮件合并。先打开主文档，单击"邮件"选项卡，在"开始邮件合并"组中依次单击"开始邮件合并"、"普通 Word 文档"。这样，数据源每条记录合并生成的内容后面都有"下一页"的分节符，每条记录所生成的合并内容都会从新页面开始。

继续依次单击"选择收件人"、"使用现有列表"，在弹出的"选择数据源"对话框中选择刚才制作的联系人.xlsx 文件，单击"打开"按钮，

再打开"选择表格"对话框，选择数据所在的工作表，此例是在"Sheet1"工作表中，单击"确定"按钮，如图 3-67 所示。

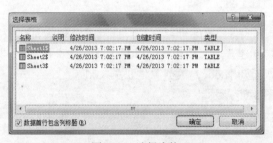

图 3-67　选择表格

此时可以看到"邮件"选项卡的多个按钮已经被激活，如图 3-68 所示。

图 3-68　"邮件合并"工具栏

将光标定位于主文档称呼行中下划线处，单击"编写和插入域"组的"插入合并域"对话框，选择"域"列表中的"姓名"项，然后单击"插入"，操作完成。接着将光标定位于下一个下划

线，然后仍然单击"插入合并域"，选择"域"中的"专业"，再单击"插入"，操作完成，如图 3-69 所示。

实际使用过程中，若要继续插入其他域，重复上述步骤即可。插入域完毕后，关闭"插入合并域"对话框。依次单击"完成并合并"按钮、"编辑单个文档"，打开"合并到新文档"对话框，单击"全部"单选按钮，最后单击"确定"按钮，如图 3-70 所示。

图 3-69 插入合并

图 3-70 合并到新文档

这时，Word 会生成一个合并后的新文档，新文档的标题栏通常显示为"信函 N"（N 为阿拉伯数字）字样。

如果单击"邮件合并"工具栏的"合并到打印机"按钮，在弹出的对话框中选择合并范围后，系统将立即合并带个性化信息的文档。

大多数情况下，只需要合并到打印机，因为合并到文档将会使新文档体积非常庞大。合并到新文档一般是为了给个别信函加入特殊附言，或在打印机出现故障时从打印中断的位置继续打印。

任务十三　其他应用

子任务一　设置文档分栏

将插入符置于文档的任意位置或选定要分栏的文本，单击"页面布局"选项卡上"页面设置"组中的"分栏"按钮，在展开的列表中选择"两栏"或"三栏"项，即可将文档等宽分栏。若在展开的列表中选择"偏左"或"偏右"项，可将文档不等宽分栏，如图 3-71 所示。

子任务二　数学公式

对于从事教育工作的老师和科技人员，经常需要编辑与数学运算有关的文档，使用 Word 2010 内置的公式可快速在文档中插入公式。具体步骤如下。

① 依次单击"插入"选项卡、"符号"组的"公式"下方的三角按钮，在弹出的下拉列表中显示了二次公式、二项式定理、傅里叶级数、勾股定理等内容，单击所需的公式，即可将其插入到文档中。

② 单击插入的公式右侧的三角按钮，在展开的列表中选择相应选项，设置公式的对齐方式。

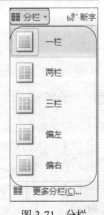

图 3-71 分栏

如果公式列表中的内置公式无法满足实际需要，可直接单击"符号"组中的"公式"按钮，此时在光标处出现一个公式编辑框，并在操作界面的功能区中显示"公式工具"，"设计"选项卡。我们可在"结构"组中选择公式结构，在"符号"组中选择公式运算符号，同时也可直接使用键盘输入公式中的运算符号或数据，完成公式的制作。

子任务三　水印和背景色

有时候，我们看到一些文档添加有"注意保密"字样的水印以提醒其他浏览者留意，在 Word 2010 中可以轻松实现这种效果。

在文档中，单击"页面布局"选项卡，找到"页面背景"组中的"水印"，然后单击下拉菜单，出现如图 3-73 所示的界面。可以选择其中某一种效果，也可以单击下方的"自定义水印"，对页面的水印自行设计。自定义水印时可以设置图片水印或者文字水印，并对文字设置字体、字号、颜色、版式等内容，或者对图片进行缩放，如图 3-72 所示。如果每页需要多个相同的水印，可以在页眉页脚视图下选中水印文字或者图片进行复制，然后调整各个水印位置即可。

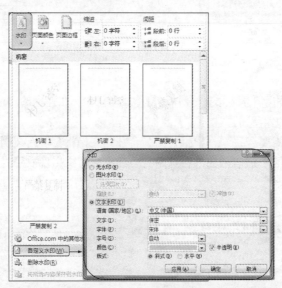

图 3-72　水印效果

子任务四　插入 Flash 动画

在 Word 文档中插入一些 Flash 动画可以增强 Word 文档的演示效果。有以下两种方法。

（1）插入"对象"法。

① 依次单击"插入"选项卡、"文本"组的"对象"按钮，在弹出的"对象"对话框中依次单击"由文件创建"选项卡、"浏览"按钮，如图 3-73 所示。打开"浏览"对话框，选择扩展名为.swf 的 Flash 文件，单击"插入"按钮，关闭"浏览"按钮。

② 此时 Word 文档内会出现一个对象，将鼠标指针置于此对象上，单击鼠标右键，在弹出的菜单中单击"属性"命令打开"属性"对话框，在"Movie"属性中输入要插入 Flash 文件的地址。保存文档。

③ 依次单击"开发工具"选项卡、"控件"组的"设计模式"按钮，可取消设计模式。

图 3-73　插入"对象"

（2）"控件工具箱"法。

依次单击"开发工具"选项卡（见图 3-74）、"控件"组的"旧式工具"按钮、"其他控件"按钮，在弹出的"其他控件"对话框中依次单击"Shockwave Flash Object"、"确定"按钮。

图 3-74　"控件工具箱"

接下来的操作步骤和第一种方法的操作一样，在对象的"属性"对话框中输入 Flash 文件地址，然后退出"设计模式"。

项目五　页面设置与打印输出

学习目标：
1. 掌握在 Word 中页面设置的方法；
2. 掌握打印文档的方法。

任务十四　页面设置

子任务一　纸张大小和方向

默认情况下，Word 文档使用的纸张大小是标准的 A4 纸，其宽度是 21 厘米，高度是 29.7 厘米，用户可以根据实际需要改变纸张的大小及方向等。具体操作如下。

（1）要设置纸张大小，可单击"页面布局"选项卡中的"页面设置"组，单击"纸张大小"，打开下拉菜单，选择合适的纸型。

若列表中没有所需选项，可单击列表底部的"其他页面大小"项，打开"页面设置"对话框的"纸张"选项卡，然后在"纸张大小"下拉列表框进行选择，我们还可直接在"宽度"和"高度"编辑框中输入数值来自定义纸张大小。

最后在"应用于"下拉列表中可选择页面设置的应用范围（整篇文档、当前节或插入符之后），设置完毕，单击"确定"按钮。

（2）纸张方向分为"纵向"和"横向"两种，Word 默认使用的是"纵向"。要改变纸张方向，可单击"页面布局"选项卡"页面设置"组中的"纸张方向"下拉菜单，可以选择横向或者纵向，如图 3-75 所示。

（3）要快速设置页面文字的排列方向，可单击"页面布局"选项卡"页面布局"组中的"文字方向"，从弹出的列表中进行选择。

子任务二 设置页边距

改变打印文档的纸张规格之后，我们需要同时改变页边距。页边距就是指文档打印在纸张上时，文字距离纸张四边的距离。页边距设置是否合理，不仅影响纸张的使用效率，还影响文档的整体美观效果。单击"页边距"下拉菜单，可以在列表中选择合适的设置，或者可以直接进行自定义边距，如图 3-75 所示。

图 3-75 页面设置

任务十五 打印文档

子任务一 打印预览

为防止出错，在打印文档前应进行打印预览，以便于及时修改文档中出现的问题，避免因版面不符合要求而造成纸张浪费。

（1）预览操作步骤：单击"文件"选项卡，在打开的界面中单击左侧窗格的"打印"项，在右侧窗格即可预览打印效果。

（2）对文档进行预览时，可通过右侧窗格下方的相关按钮查看预览内容。如果文档有多页，单击右侧窗格左下角的"上一页"按钮和"下一页"按钮，可查看前一页或者下一页的预览效果。在这两个按钮之间输入页码数字，按下【Enter】键，可快速查看该页的预览效果。

（3）在右侧窗格的右下角，通过单击"缩小"或"放大"按钮，或拖动显示比例滑块，可缩小或放大预览效果的显示比例。

子任务二 打印文档

如果用户的电脑连接有打印机，可以通过以下操作将文档打印出来。

① 单击"文件"选项卡，然后在打开的界面中选择左侧窗格的"打印"选项，此时可在中间窗格设置打印选项。

② 在"打印机"下拉列表框中选择要使用的打印机名称。如果当前只有一台可用打印机，则不必执行此操作。

③ 在"打印所有页"下拉列表框中选择要打印的文档内容或页面。

④ 在"份数"编辑框中输入要打印的份数。如果只打印一份，则不必执行此操作。

⑤ 设置完毕，单击"打印"按钮可按设置打印文档。界面如图 3-76 所示。

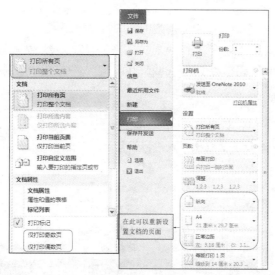

图 3-76　打印界面

子任务三　几种特殊的打印方式

除了前面介绍的一般打印方式以外，Word 2010 还提供了如下几种特殊的打印方式。

（1）双面打印。如果用户需要将文档打印在纸张的双面上，在进行打印设置时，应在"设置"区域中单击"打印所有页"按钮，在展开的列表中选择"仅打印奇数页"选项，如图 3-77 左图所示。完成奇数页打印后，将纸张翻转，再次打开"打印所有页"下拉列表，从中选择"仅打印偶数页"选项，接着打印偶数页，如图 3-76 左图所示。

（2）多版打印。如果用户需要在一张纸上打印多页文档内容，可单击"每版打印 1 页"按钮，在展开的列表中选择每张纸打印的页数，如图 3-76 右图所示。

（3）如果打印纸张与文档设置的页面大小不同，可在"每版打印 1 页"下拉列表中选择"缩放至纸张大小"项，然后在展开的子列表进行选择，以适应指定纸张。

拓展学习

域

Word 中的"域"类似于数学中的公式运算，"域代码"类似于公式，"域结果"类似于公式产生的值。依次单击（插入）选项卡，（文本）组里的（文档）部件下拉按钮，选择（域）选项打开（域）对话框，此处几乎包含了 Word 中所有的域。

用户可以在域上右单击鼠标，在弹出的快捷菜单中选择"更新域"、"编辑域"、"切换域代码"等命令来完成相关操作。

默认情况下，选中域或者光标定位到域中时，域底纹显示为灰色。

宏

宏是由一系列 Word 命令和指令组合在一起而形成的单独的命令，用以实现任务执行的自动化。如果需要反复执行某项任务，可以使用宏自动执行该任务。

在默认情况下，Word 将宏存储在 Normal 模板内，这样每一个 Word 文档都可以使用它。如果只是需要在某个文档中使用宏，则可以将宏存储在该文档中。

宏可以完成很多的功能，例如可以加速格式的设置，快速插入具有指定尺寸和边框、指定行数和列数的表格，可以使某个对话框中的选项更易于访问等。

在 Word 中可以使用宏录制器和 VBE 两种方法来创建宏，宏录制器可以帮助用户快速地创建宏，用户可以在 Visual Basic 编辑器创建新的宏，可以输入一些无法录制的指令。

习题三

一、文档格式设置（对以下文档按要求进行设置）

榕树情

我记得那天从白云机场打的，一路的绿啊就从眼前扑面而来。宽广笔直的高速路两边全是整齐的树带，那天天气晴朗，风不大。至今我还依稀可见路旁的树，各形各态的树干上，生长着各种形态的虬枝，枝丫下长着如棕须般的根，清一色的，长短不一的向下展露，风吹着枝须，它如少女般的舞动着，时而扭着腰、时而伸着腿、时而挥着手；它如模特般的走着一字步，她是那么的从容，那么的淡定，时而婀娜地显摆着，时而笑容可鞠地面对，她步履轻盈地度着碎步……

车窗外的阳光无休止地射了进来。我眯缝着眼睛，看着窗外的树……，雨后的榕树，在阳光的照射下，更加翠绿欲滴。我想，那片榕树带上，那绿绿的树冠上，一定承载着无数无数颗晶莹的水珠；这水珠儿，在南国季风的吹拂下，一并将自己的生命之氧慢慢地输给那千千万万缕缓缓起舞的榕须。这榕须却又将这生命之水反哺给了盘在地上的榕根……

于是，我被这片榕树林感动了！我问过自己不知多少次：这就是榕树吗？她们如母亲一样善良和无私，如少女一样纯洁和浪漫；她们无忧无虑，心心相印。于是我感叹：榕树生南国，君来初相识。棕须连碧海，情似小龙女。

那天我在榕树下睡着了。我似乎做了个梦，梦见自己也变成了榕树的须。又从榕须变成了一棵真正的参天的大榕树！

1. 将标题设置为三号、隶书、红色、居中、加粗，段后间距 2 行。
2. 全文设置首行缩进，单倍行间距。
3. 将第一段文字设置为宋体、小四，蓝色，两端对齐。首字下沉 2 行。
4. 将第二段文字设置为分两栏，加分隔线。
5. 将第三段文字设置为楷体、倾斜、浅绿色底纹。
6. 为第四段文字设置下划线，居中对齐，文字添加边框。
7. 在第一段文字中间插入剪贴画，找一张树的图片，然后设置为四周环绕方式。
8. 在文章的最后插入艺术字（"第一行第三列"），设置为弧形，然后再插入一个空心的圆环，和一个五角星，最后组合成一个图章。
9. 页脚设置页码，奇偶页不同，添加页眉"榕树情"。

二、表格制作

1. 绘制以下表格并添加文字。
2. 表格居中，表格内部文字中部居中。

3. 第一行第一列插入斜线表头——姓名/学科。

4. 利用公式求出总分。

5. 表中文字楷体、四号。

6. 按总分升序排序。

	语文	数学	英语	总分
张彬	98	85	63	
刘华丰	77	84	75	
金德宇	83	84	90	

三、表格设置

1. 将下列文字转换为表格

2. 将表格外框线设置为蓝色、双线、0.5 磅，内框线设置为红色、单实线、1.5 磅。

3. 设置标题行重复。

4. 第一行设置底纹为浅黄色。

5. 列宽设置为 2.5 厘米，行高设置为 0.8 厘米。

6. 设置水印效果"严禁复制"。

7. 设置纸张大小为 A4，横向打印，上下边距为 2.6 厘米。

姓名	性别	年龄	职称
张彬	男	37	中级
刘华丰	男	52	副高
金德宇	女	32	初级

模块四

数据处理软件 Excel 2010

学习导航：

本模块分 5 个项目 15 个任务，介绍 Excel 2010 的基础知识和基本操作及数据处理的方法，其中重点是公式和函数的使用以及数据的管理与分析。

项目一　Excel 2010 工作界面及基本操作

学习目标：

1. 理解工作簿、工作表、单元格等基本概念；
2. 熟练创建、编辑和保存电子表格文件；
3. 熟练输入、编辑和修改工作表中的数据；
4. 熟练单元格、行、列、工作表的基本操作等；
5. 熟练设置单元格和表格的格式。

任务一　初识 Excel 2010

Excel 是微软公司的办公软件 Microsoft Office 的组件之一。它可以进行各种数据的处理、统计分析和辅助决策等操作，广泛地应用于管理、统计、财经、金融等众多领域，是目前应用最广泛的电子表格软件之一。

Excel 2010 具有强大的运算与分析能力。从 Excel 2007 开始，改进的功能区使操作更直观、更快捷，实现了质的飞跃。不过，要进一步提升效率、实现自动化，单靠功能区的菜单功能是远远不够的。在 Excel 2010 中可使用 SQL 语句，对数据进行整理、计算、汇总、查询、分析等处理，尤其在面对大数据量工作表的时候，SQL 语言能够发挥巨大的威力，快速提高办公效率。

Excel 2010 可以运用更多的方法分析、管理和共享信息，从而帮助用户做出更好、更明智的决策。全新的分析和可视化工具可帮助您更好的分析和处理数据，在移动办公时大部分数据可以通过 Web 浏览器或 Smartphone 访问，甚至可以将文件上传到网站，并与其他人在线协作。

子任务一　初识 Excel 2010 工作界面

依次选择"开始"、"所有程序"、"Microsoft Office"、"Microsoft Excel 2010"命令可启动 Excel 2010，其工作界面如图 4-1 所示。

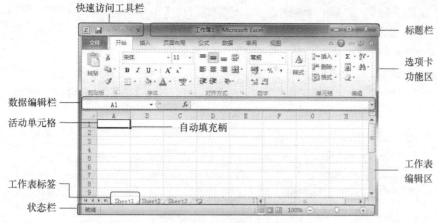

图 4-1　Excel 2010 工作界面

子任务二　工作簿、工作表、单元格

工作簿、工作表和单元格是 Excel 中的三大元素，是 Excel 的重要组成部分，也是 Excel 的主要操作对象。

1. 工作簿

工作簿就是我们通常所说的 Excel 文件，是用来存储运算数据、运算公式以及定制数据格式等信息的文件。一个工作簿就是一个 Excel 文件，其文件类型（扩展）名为.xlsx。启动 Excel 后，系统会自动建立一个名为"工作簿 1"的空工作簿。

（1）新建工作簿

单击"文件"菜单下的"新建"选项，在"可用模板"中选择"空白工作簿"，单击画面右侧"创建"即可新建一个空白工作簿。也可按 Ctrl+N 组合键快速创建一个空白工作簿。

Excel 2010 自带了多种类型的电子表格模板，可基于模板创建工作簿，快速完成专业电子表格的创建。也可使用从 Office.com 搜索出的模板，还可以将自己制作的电子表格做成模板，如图 4-2 所示。

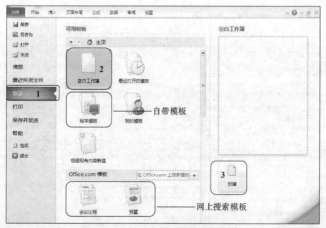

图 4-2　Excel 2010 新建工作簿

（2）保存工作簿

① 单击"文件"菜单中的"保存"，打开"另存为"对话框，选择工作簿的保存位置，输入工作簿的名称，单击"保存"按钮即可。

② 单击"快速访问工具栏"上的保存按钮 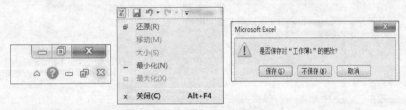 或者按 Ctrl+S 组合键，可打开"另存为"对话框，对文件进行保存。

（3）关闭工作簿

单击工作簿窗口右上角的"关闭"按钮或者单击"快速访问工具栏"上的 Excel 图标，在列表框中选择"关闭"选项。如果工作簿尚未保存，会打开如 4-3 右图所示的对话框。

图 4-3　Excel 2010 关闭工作簿

（4）打开工作簿

单击"文件"菜单中的"打开"选项，在展开的"打开"对话框中找到工作簿所在的文件夹，选择要打开的工作簿，单击"打开"按钮。

要打开最近曾使用过的工作簿，单击"文件"菜单中的"最近所用文件"选项，在所给列表中进行选择。

2．工作表

工作表是一个由行和列交叉排列构成的表格。默认情况下，在新建立一个工作簿时，其中有 3 张工作表，分别是 Sheet1、Sheet2、Sheet3。工作表总是存储在工作簿中，一个工作簿可以包含 1～255 个工作表，一个工作表最多可以包含 2^{20}=1048576 行、2^{14}=16384 列。

工作表通过工作表标签来标识，单击不同的工作表标签就可以在工作表间进行切换。

3．单元格

单元格是最基本的数据单元。工作表中，被黑色方框包围的单元格称为当前单元格或活动单元格，可在活动单元格中进行输入、修改、删除等内容的操作。工作表中的列从左到右用字母 A、B、C……编号，行从上到下用数字 1、2、3……编号，如图 4-4 所示。每个单元格由它所处的行号和列号来标识，列号在前，行号在后。例如 D3 表示 D 列第三行的单元格，D3 也称为该单元格的名字或地址。

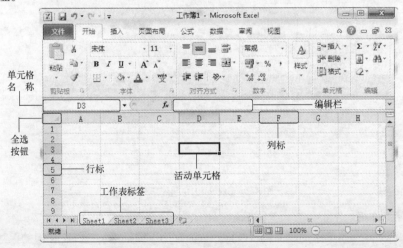

图 4-4　工作表及其组成元素

多个相邻的单元格形成的区域称为单元格区域，单元格区域用该区域左上角的单元格地址和右下角的单元格地址中间加一个"："来表示。例如，D3:E6 表示左上角为 D3、右下角为 E6 的一片单元格区域。

子任务三 数据的输入与编辑

1. 在单元格中输入数据

（1）输入文本。文本可以是数字、空格和非数字字符以及它们的组合。如果要输入文本，单击要输入文本的单元格，然后可直接输入文本。输入的内容会同时显示在编辑栏中。输入完毕，按键盘上的 Enter 键或单击编辑栏上的"输入"按钮 ✓ 确认。默认情况下，在单元格中输入文本型数据时，输入的内容会沿单元格左侧对齐。

如果输入的数据长度超出单元格长度，并且当前单元格后面的单元格为空，则文本会扩展显示到其右侧的单元格中，如图 4-5 左图所示。若后面单元格中有内容，则超出部分被截断，暂时隐藏起来，如图 4-5 右图所示。

> **注意**
>
> 对于数字形式的文本型数据，如学号、电话号码等，在输入时，数字前加单引号（英文半角）。例如：'20130112，这样输入的数值会以文本格式显示，在表格中左对齐显示，如图 4-6 所示。

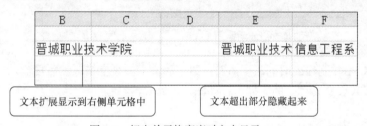

图 4-5　超出单元格宽度时文本显示　　　　图 4-6　数字形式的文本型数据输入

（2）输入数值。输入数值型数据时，Excel 将自动沿单元格右侧对齐。默认情况下，Excel 的默认单元格格式为"常规"格式，只能显示 11 个字符，也就是只能显示 11 位数字，如果输入的数字多于 11 位，Excel 将用科学计数法显示该数字，如图 4-7 所示。

图 4-7　数字格式的设置

要想使单元格中的数字全部显示出来，单击"开始"选项卡"数字"组中的"数字格式"即可。在"数字格式"的下拉列表框中可以为单元格快速设置各种特定格式，例如货币、日期、时间、百分比、分数等。

如果要输入负数，在数字前加一个负号"–"，或者给数字加上圆括号。例如，输入"-11"或者"（11）"，都可以在单元格中显示"-10"。

如果要输入分数，在输入数字之前要先输入空格。例如要输入分数 3/7，则在输入的时候先输空格，然后输入 3/7，回车后，单元格中会显示 3/7。否则，Excel 会把该数据当做日期格式处理，存储为 3 月 7 日。

（3）输入日期和时间。为了将日期和数字区分开，在输入日期时，可以用斜杠"/"或者"-"来分隔日期中的年、月、日部分。比如要输入文本"2013 年 4 月 7 日"，可以在单元格中输入"2013/4/7"或"2013-4-7"。如果省略年份，则以当前的年份作为默认值，显示在编辑栏中，如图 4-8 所示。

图 4-8　日期和时间的输入

在输入时间时，如果按照 24 小时制输入时间，则需要在数字后输入一个空格，然后再输入 AM 或者 PM，输入完毕将数字格式设置为"时间"即可，如图 4-8 所示。

2. 快速填充数据

（1）利用自动填充柄在行列相邻单元格中快速填充数据。自动填充柄是位于选定单元格或者选定单元格区域右下角的小黑方块。将鼠标指针指向填充柄上时，鼠标指针由白色的空心十字形指针变为黑色的实心十字形指针，如图 4-9 所示。

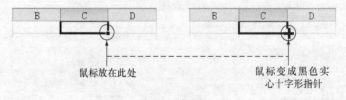

图 4-9　填充柄

当第一个单元格数据为数字时，用自动填充柄进行填充，其余单元格均以相同数字进行填充；当第一个单元格数据为文本时，用自动填充柄进行填充，其余单元格也以相同文本数据进行填充；当第一个单元格为带数字的字符串、日期、时间、星期时，若用自动填充柄进行填充，其余单元格将以序列进行依次填充，如图 4-10 所示。

如果希望改变上述自动填充效果，则在每次执行完自动填充操作后，都会在填充区域右下角出现一个图标 ，这个图标被称为是"自动填充选项"按钮，单击它将打开一个填充选项菜单，从中选择不同选项，即可修改默认的自动填充效果，如图 4-11 所示。

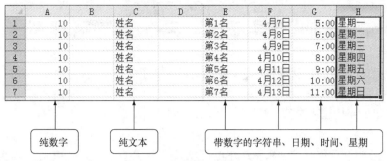

图 4-10　数据的自动填充效果

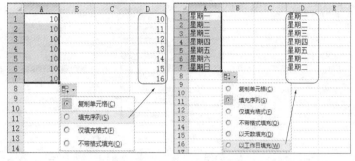

图 4-11　修改自动填充效果

　　（2）利用填充列表快速填充数据。利用填充列表可以将当前单元格或者单元格区域中的内容向上、下、左、右相邻单元格或者单元格区域做快速填充。如图 4-13 所示，在 B2 和 B3 单元格中分别输入"信息工程系"和"11 计应一班"，选定从该单元格开始要填充的单元格区域，即 B2：C8，单击"开始"选项卡"编辑"组中的"填充"按钮，展开"填充"菜单，选择"向下"，则在相邻单元格中自动填充与第一行单元格相同的数据。

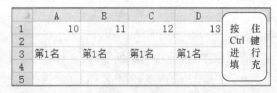

图 4-12　按住 Ctrl 键拖动自动填充柄

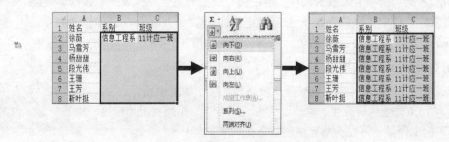

图 4-13　利用填充列表快速填充数据

　　（3）等差数列的填充。输入等差数列的前两组或者前两个数值，以确定序列的首项和步长值，然后拖动填充柄向上、下、左、右进行填充，如图 4-14 所示。

① 在 A1：B2 单元格中输入数据，数据列中两个值的差为序列的步长。

② 选中 A1：B2。

③ 向下拖动右下角的自动填充柄，完成等差序列的输入。

（4）等比数列的填充。

① 在 A1 单元格中输入数值"1"。

② 选中 A1：A7。

③ 单击"开始"选项卡"编辑"组中的"填充"按钮，展开"填充"菜单，选择系列，打开"序列"对话框，选择序列产生在列，等比数列类型，步长值为 2。

④ 单击确定后，填充效果如图 4-15 右图所示。

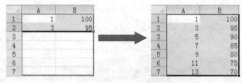

图 4-14　等差序列的自动填充　　　　图 4-15　等比序列的自动填充

3. 为单元格设置数据有效性

在建立工作表的过程中，有些单元格中输入的数据没有限制，而有些单元格中输入的数据具有有效范围。为了保证输入的数据都在有效范围内，可以使用 Excel 提供的"有效性"命令为单元格设置条件，以便在出错时得到提醒，从而快速、准确地输入数据。

图 4-16　创建公司员工档案表

例如在建立如图 4-16 所示的公司员工档案表时，员工年龄的值在 18 到 60 之间，此时就需要设置数据有效性。

① 选中年龄这一列。

② 单击"数据"选项卡"数据工具"组中的"数据有效性"，展开"数据有效性"对话框。

③ 在有效性条件中允许"整数"，数据最小值为 18，最大值为 60，如图 4-17 所示。如果在年龄一列中输入小于 18 或大于 60 的值，系统会出现如图 4-18 所示的对话框，显示输入错误。

4. 为单元格创建下拉列表

在电子表格中，如果单元格的数据是比较有规律的，如图 4-16 所示的公司员工档案表中性别（男、女）、学历（博士、研究生、本科、大专、中专）、婚姻状况（已婚、未婚）等。为了减少手工数据录入的工作量，可以为单元格创建下拉列表。

① 在工作表中输入下拉菜单中要出现的数据，如图 4-19 所示。

② 选择要设置下拉菜单的单元格区域。

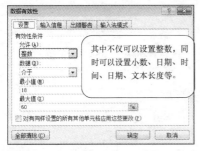

图 4-17 数据有效性对话框设置

图 4-18 输入数据超出范围时出现警告提示框

③ 单击"数据"选项卡"数据工具"组中的"数据有效性",展开"数据有效性"对话框,在有效性条件中允许"序列",如图 4-20 所示。

图 4-19 输入下拉菜单中的数据

图 4-20 打开数据有效性对话框

④ 选择数据来源为步骤①中在工作表中输入的数据,单击"确定",如图 4-21 所示。

⑤ 设置完成后,单击创建了下拉列表的单元格时,其右侧就会显示一个下拉按钮,单击该按钮,出现下拉列表,如图 4-22 所示。

图 4-21 选择数据来源

图 4-22 单元格中下拉菜单显示

<table>
<tr><td style="background:#888;color:#fff">任务二</td><td style="background:#bbb">Excel 2010 工作表的编辑</td></tr>
</table>

建立一个工作表,除了要在工作表中输入数据之外,还需要对工作表中的单元格、行和列等内容进行编辑调整,以及对工作表进行添加批注等基本操作。本任务将通过"企业客户通讯录"案例来介绍如何对工作表以及单元格进行编辑操作。

打开"素材"中的"企业员工通讯录"电子表格,完成以下的操作。

子任务一 单元格基本操作

1. 选择单元格

(1)选择单个单元格。

将鼠标指针放在要选择的单元格上方后单击,选中的单元格以黑色边框显示,此时行号上的数字和列号上的字母将突出显示。

（2）选择多个不相邻的单元格。

单击要选择的任意一个单元格，然后按住 Ctrl 键同时单击其他要选择的单元格。

（3）选择相邻单元格区域。

方法一：按下鼠标左键拖动到想要选择的单元格，然后松开鼠标。

方法二：单击要选择的区域的第一个单元格，然后按住 Shift 单击最后一个单元格即可。

2. 插入单元格

在创建工作表时，有时需要从中插入单元格，当插入单元格后，现有单元格将发生移动，给新的单元格让出位置。

① 单击要插入单元格的位置 A3，如图 4-23 所示。

② 单击"开始"选项卡"单元格"组中"插入"按钮下面的三角按钮，在展开的菜单中选择"插入单元格"命令。

③ 在"插入"对话框中选择一种插入方式，如"活动单元格下移"。

④ 单击"确定"按钮，在指定位置插入一个单元格，原单元格下移。

3. 删除单元格

① 右击要删除的单元格 A3，在弹出的菜单中选择"删除"项，如图 4-24 所示。

图 4-23　表格中插入单元格

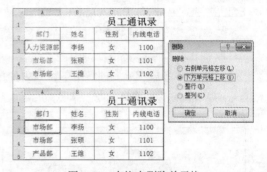

图 4-24　表格中删除单元格

② 在"删除"对话框中选择一种删除方式，如"下方单元格上移"。

③ 单击"确定"按钮，选中的单元格被删除，下方的单元格上移。

> **注意**
>
> ※若单击"开始"选项卡"单元格"组中的"删除"按钮下面的三角按钮，选择"删除单元格"，也可以打开"删除"对话框。
>
> ※若选中单元格后按 Delete 键，只删除单元格内容，单元格还在。

4. 为单元格添加批注文字

为使用户更容易理解单元格中的信息，有时需要给单元格添加批注文字。添加批注以后，单元格右上角出现一个小红三角，将鼠标指针停留在单元格上，既可查看批注内容，也可以对批注进行编辑、修改、删除等。

（1）插入批注。

① 单击要添加批注的单元格，例如 B3 单元格。

② 单击"审阅"选项卡"批注"组中的"新建批注"按钮，如图 4-25 所示。

③ 在批注文本框中输入批注的内容，添加批注的单元格右上角出现一个小红三角，如图 4-26 所示。

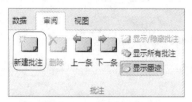

图 4-25　给单元格添加批注 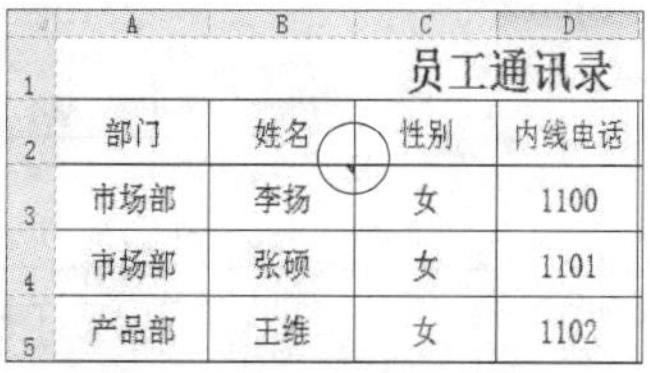　　　　　　图 4-26　添加批注后的单元格

（2）修改、编辑批注。

单击"审阅"选项卡"批注"组中的"编辑批注"按钮，可以编辑修改批注。

（3）显示、隐藏批注。

单击"显示所有批注"，将会显示工作表中所有的批注，再次单击会隐藏所有批注；

单击"显示/隐藏批注"按钮，则显示所选单元格的批注，再次单击该按钮，则隐藏所选单元格的批注。

（4）查看、删除批注。

通过"批注"组的"上一条"、"下一条"可以查看所有批注；单击"批注"组的"删除"可以删除所选批注。

子任务二　行与列基本操作

1. 选择行与列

要选择工作表中的一整行或者一整列，可将鼠标指针移到该行的左侧或者该列的顶端，当鼠标指针变成向右或向下黑色箭头形状时单击，即可选中该行或者该列，如图 4-27 所示。

图 4-27　选择整行或者整列

如果要选定多个连续行，可将鼠标指针移动到要选择的第一行的行号左侧，当鼠标指针变成黑色箭头形状时，按下鼠标左键并拖动到所要选择的最后一行时松开鼠标左键即可；如果要选择不连续的多行，可在选定一行后，按住 Ctrl 键的同时再选择其他行即可。

2. 插入行与列

如果要在工作表某单元格上方插入一行或者在某单元格左侧插入一列，首先要选择该单元格，右键单击，选择"插入"即可。或者选择"开始"选项卡"单元格"组中的"插入"按钮下面的三角按钮，在展开的菜单中选择"插入工作表行"或者"插入工作表列"命令，如图 4-28 所示。

如果希望在某行上方或者某列左侧插入多行或者多列，应首先选中该行及其下方的若干行，或者该列及其右侧的若干列，然后单击右键，选择"插入"就可以插入若干行或者若干列，如图 4-29 所示。

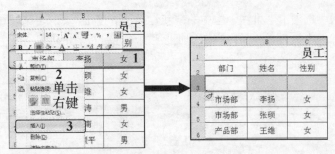

图 4-28　插入一行

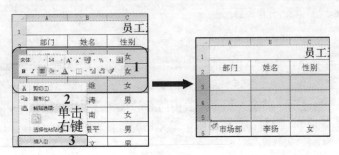

图 4-29　插入多行

3. 删除行与列

选定要删除的行或者列，单击右键，选择"删除"命令即可。删除行或者列后，行号或者列标自动重新编号。

4. 显示、隐藏行与列

选择要隐藏的行或者列，右键单击，选择"隐藏"命令就可以隐藏行或者列；也可以选择好隐藏的行或者列，单击"开始"选项卡"单元格"组中的"格式"按钮，在展开的菜单中选择"隐藏和取消隐藏"中的"隐藏行"或"隐藏列"命令即可。

要显示已经隐藏的行或者列，应首先选中被隐藏的行的上一行和下一行或者被隐藏列的前一列和后一列，鼠标放在其中间呈上下箭头状，双击就可以显示被隐藏的行或者列，如图 4-30 所示。

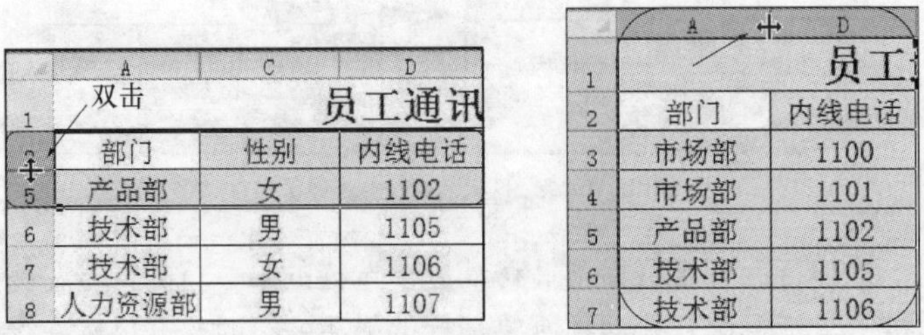

图 4-30　显示隐藏的行或者列

5. 调整行高和列宽

（1）利用鼠标拖动。鼠标指针移到某行行号的下框线处或者某列列标的右框线处，此时的鼠标指针就变成上下或左右箭头形状，然后按下鼠标左键上下或者左右移动鼠标，到合适的位置后松开鼠标即可。

若选中若干不同的行或者列，利用鼠标拖动来改变行高和列宽时，所有行的行高和列宽将均匀分配，如图 4-31 所示。

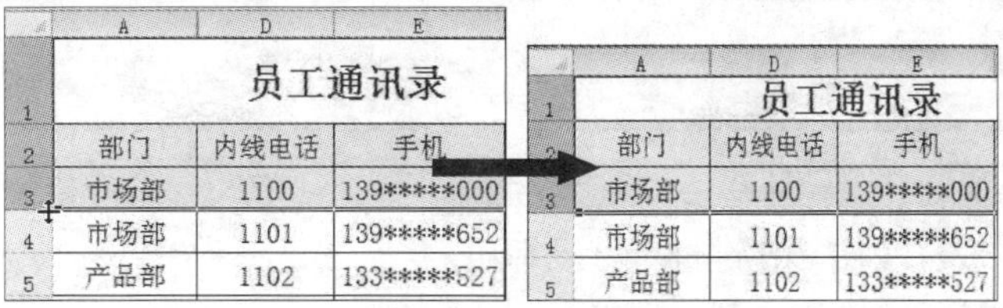

图 4-31　利用鼠标拖动调整若干行行高

（2）利用"格式"列表精确调整。选择要调整的行或者列，单击"开始"选项卡"单元格"组中的"格式"按钮，在展开的菜单中选择"行高"或者"列宽"命令，输入相应的数值，可以精确调整行高和列宽。

子任务三　工作表基本操作

1. 插入与删除工作表

（1）在现有的工作表末尾插入新的工作表。

单击工作表标签右侧的"插入工作表"按钮，如图 4-32 所示，在工作表末尾将插入一个新的工作表，如图 4-33 所示。

图 4-32　插入工作表

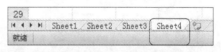

图 4-33　插入新的工作表 sheet4

（2）在所选工作表前面插入新的工作表。

① 右击要在其前面插入工作表的工作表标签，如图 4-34 所示。

② 选择"插入"命令，打开"插入"对话框。

③ 选择"工作表"，单击"确定"即可，如图 4-35 所示。

图 4-34　插入工作表

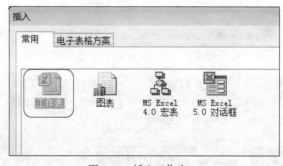

图 4-35　插入工作表

（3）删除工作表。

选中要删除的工作表标签，单击右键，选择"删除"命令即可，如图 4-34 所示。

2. 复制与移动工作表

（1）在同一工作簿内移动和复制工作表。

① 选定要移动的工作表标签"员工通讯录"。

② 按下鼠标左键，工作表标签左上角出现一个小黑三角形，如图 4-36 所示。

③ 沿着标签栏进行拖动，当小黑三角形移动到目标位置时，松开鼠标左键即可完成工作表的移动，如图 4-37 所示。

图 4-36　移动工作表

图 4-37　移动后的工作表

如果要复制工作表，按住 Ctrl 键进行移动即可。

（2）在不同工作簿间移动和复制工作表。

① 打开要移动的源工作簿和目标工作簿。

② 选定要移动或复制的工作表标签"员工通讯录"，单击右键，选择"移动或复制"命令，打开"移动或复制工作表"对话框，如图 4-38 所示。

③ 在"工作簿"中选择目标工作簿，在"下列选定工作表之前"选择要将工作表复制到目标工作簿的位置，最终效果如图 4-39 所示。

图 4-38　移动或复制工作表

图 4-39　移动后的工作表

如果要在不同的工作簿间复制工作表，在图 4-38 所示的对话框中选择"建立副本"就可以复制工作表。

3. 重命名工作表

（1）双击工作表标签，此时工作表标签呈高亮度显示，处于可编辑状态，输入工作表名称，按回车键即可。

（2）右击要重命名工作表的标签，在弹出的菜单中选择"重命名"命令，然后输入新的工作表名称，按回车键即可。

4. 设置工作表标签颜色

为了使工作表更醒目些，可以为工作表标签设置颜色。右击要设置颜色的工作表标签，在弹出的菜单中选择"工作表标签颜色"命令，然后在展开的颜色列表中选择一种颜色即可。

任务三　Excel 2010 工作表格式化

为了区分工作表的不同区域，便于查看及分析工作表数据，Excel 2010 中提供了多种功能来美化工作表。例如，用户可以设置单元格格式、设置样式和模板以及条件格式，从而使工作表的外观更加美观，更富有吸引力。本任务以"公司销售业绩表"为例说明工作表的格式化操作。

打开"素材"中的"公司销售业绩表"，操作如下。

子任务一　设置单元格格式

1. 设置字体、字号、字体颜色

单击"字体"组中的按钮，可以快速、方便地为所选单元格或单元格区域设置字体和字号。

① 选中要改变字体和字号的单元格或者单元格区域，如 A2：H2。

② 在"字体"组中"字体"下拉列表框中选择一种字体，如仿宋。

③ 在"字体"组中"字号"中选择 12 号字体。

④ 在"字体颜色"中选择深蓝色，如图 4-40 所示。

也可以在选中区域以后，右键单击选择"设置单元格格式"命令，选择"字体"选项卡，从中设置字体、字号、字体颜色等，如图 4-41 所示。

图 4-40　设置字体格式

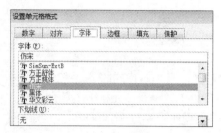

图 4-41　设置字体格式

2. 设置对齐方式

单元格内容的对齐方式通常有顶端对齐、垂直居中、底端对齐、左对齐、水平居中和右对齐等。

① 选中要设置对齐方式的单元格，或单元格区域如 A2：H11。

② 在"开始"选项卡的"对齐方式"组中选择"垂直居中"和"水平居中"，如图 4-42 所示。

也可以右键单击选择"设置单元格格式"命令，打开"设置单元格格式"对话框，从中设置文本对齐方式，如图 4-43 所示。

图 4-42　设置对齐方式

图 4-43　设置对齐方式

3. 单元格内容的合并与拆分

选中要合并的相邻单元格区域，如 A1：H1。选择"对齐方式"组中的"合并后居中"按钮。所选单元格在一个行中居中，并且单元格内容在合并单元格中居中显示，如图 4-44 所示。

在"合并后居中"后有倒三角，可以在其下拉菜单中选择"合并后居中"、"跨越合并"、"合并单元格"、"取消单元格合并"命令，如图 4-45 所示。

图 4-44　设置对齐方式

图 4-45　单元格合并

注意

※如果要合并的多个单元格中都有数据，合并后，只有左上角单元格中的数据保留在合并的单元格中，其他所选区域中的数据都将被删除。

※可以将合并的单元格重新拆分成多个单元格，但不能拆分未合并过的单元格。

4. 设置数字格式

单元格中的数字格式有"常规"、"数值"、"货币"、"会计专用"、"日期"、"时间"、"百分比"、"分数"、"科学计数"、"文本"等，通常情况下为"常规"，可以根据需要来改变这种格式。

① 选中要改变显示格式的单元格，如 C3：G11；

② 右键单击"设置单元格格式"命令，打开"数字"选项卡，设置为"货币"形式，如图4-46 所示。效果如图 4-47 所示。

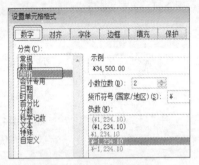

图 4-46　设置数字格式

第1季度 销售业绩额	第2季度 销售业绩额	第3季度 销售业绩额
¥34,500.00	¥45,730.00	¥65,340.00
¥53,500.00	¥56,320.00	¥25,460.00
¥22,800.00	¥23,980.00	¥54,680.00
¥43,200.00	¥34,680.00	¥34,790.00

图 4-47　设置货币格式后的效果

子任务二　设置表格格式

1. 设置表格边框

① 选中要添加边框的单元格区域，如 A2：H11。

② 在"边框"菜单中选择要设置的线型，如虚线。

③ 在"边框"菜单中再设置外侧框线。

④ 选择第一行 A2：H2，将下框线设置为粗框线，效果如图 4-48 所示。

也可以在选中设置边框的单元格后，右键单击"设置单元格格式"命令，在其中选择"边框"选项卡进行相应的设置，如图 4-49 所示。

员工编号	姓名	第1季度 销售业绩额	第2季度 销售业绩额
001	李　涛	¥34,500.00	¥45,730.00
002	李丹丹	¥53,500.00	¥56,320.00
003	原慧慧	¥22,800.00	¥23,980.00
004	上官书奇	¥43,200.00	¥34,680.00

图 4-48　设置表格边框

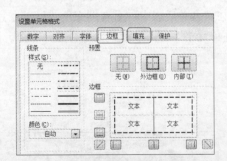

图 4-49　设置表格边框

2. 设置表格底纹

选中要设置底纹的单元格区域，单击"填充颜色"按钮 ◇ ·右侧的三角按钮，选择颜色即可。也可通过设置单元格格式命令，选择"填充"选项卡进行设置，如图 4-49 所示。

子任务三 设置样式和模板

1. 套用表格格式

选中要应用表格样式的单元格区域，单击"样式"组中的"套用表格格式"按钮，在展开的"浅色"、"中等深浅"、"深色"列表框中单击要使用的表格样式即可。

2. 套用单元格样式

选中要应用样式的单元格或者单元格区域，单击"样式"组中的"单元格样式"按钮，在"好、差和适中"、"数据和模型"、"标题"、"主题单元格样式"、"数字格式"中选择一种单元格样式。

子任务四 设置条件格式

在选定要设置条件格式的单元格或者单元格区域后，单击"开始"选项卡"样式"组中的条件格式按钮 ▦，在展开的菜单中有 5 种条件规则：突出显示特定单元格、项目选取规则、数据条、色阶、图标集，选择某个选项进行相应设置，可快速对所选区域格式化。

例如，要把四个季度销售业绩额中，业绩在 50000～70000 的单元格以红色突出显示，可使用"突出显示单元格规则"进行设置。

1. 添加条件格式

① 选定"公司员工销售业绩表"中 C3：F11 区域。

② 单击"样式"组中"条件格式"按钮，选择"突出显示单元格规则"中"介于"命令，如图 4-50 所示。

③ 在"介于"对话框中输入数值，设置为"浅红填充色深红色文本"选项，如图 4-51 所示。最终效果如图 4-52 所示。

图 4-50　设置表格边框

介于 对话框

为介于以下值之间的单元格设置格式：

| 50000 | 到 | 70000 | 设置为 | 浅红填充色深红色文本 |

确定　取消

图 4-51　设置条件格式

第1季度销售业绩额	第2季度销售业绩额	第3季度销售业绩额
¥34,500.00	¥45,730.00	¥65,340.00
¥53,500.00	¥56,320.00	¥25,460.00
¥22,800.00	¥23,980.00	¥54,680.00
¥43,200.00	¥34,680.00	¥34,790.00

图 4-52　设置条件格式后的效果

2. 修改条件格式

选定已经设定条件格式的单元格区域，单击"条件格式"菜单下的"管理规则"命令，单击"编辑规则"按钮，可以从中修改已经设置好的条件格式。

3. 清除条件格式

当不需要应用条件格式时，选择"条件格式"菜单下的"清除规则"中的"清除所选单元格的规则"命令，即可清除选定单元格或者单元格区域内的条件格式。

项目二　Excel 2010 公式与函数的使用

学习目标：

1. 熟练掌握 Excel 2010 公式的使用；
2. 掌握公式中单元格的引用；
3. 学会使用统计函数；
4. 学会使用逻辑函数；
5. 学会使用日期与时间函数。

任务四　Excel 2010 公式的使用

Excel 2010 中的公式是一种对工作表中的数值进行计算的等式，它可以帮助用户快速地完成各种复杂的数据运算。公式必须以等号“=”开头，后面跟表达式。本任务中通过“工资发放表”案例学习 Excel 2010 公式的使用。打开“素材”中的“工资发放表”，完成以下的操作。

子任务一　输入与编辑公式

利用公式计算“工资发放表”中税前工资、应纳税所得额、应交所得税以及应发工资。

要求应交所得税根据所提供的所得税率表进行计算。

1. 计算税前工资

① 打开“素材”中的“工资发放表”工作簿（其中包括“工资发放表”和“所得税率表”两个工作表）。

② 单击 H3 单元格，输入“=D3+E3-F3+G3”，如图 4-53 所示。

③ 单击编辑栏上的输入按钮✓，或者单击回车键，得到“张常乐”的“税前工资”。

④ 按住鼠标左键向下拖动 H3 单元格右下角的填充柄，至 H11 单元格后松开鼠标，得到其他员工的“税前工资”，如图 4-54 所示。

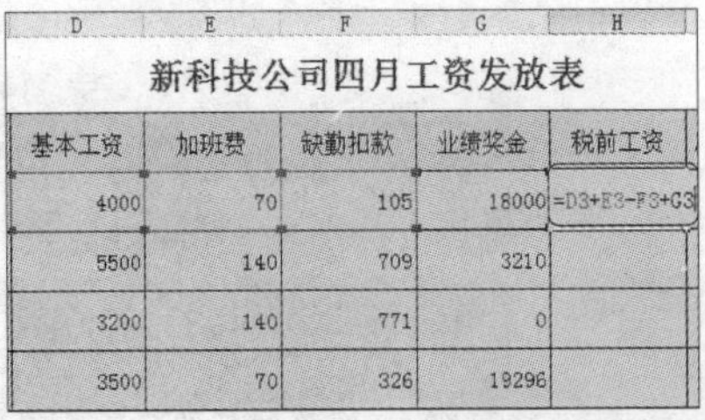

新科技公司四月工资发放表

基本工资	加班费	缺勤扣款	业绩奖金	税前工资
4000	70	105	18000	=D3+E3-F3+G3
5500	140	709	3210	
3200	140	771	0	
3500	70	326	19296	

图 4-53　输入公式

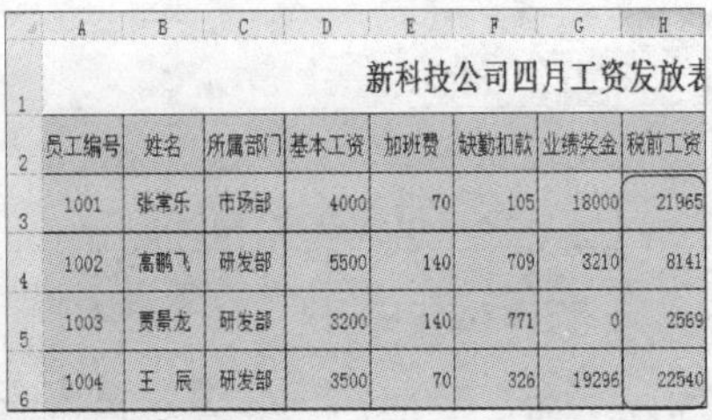

新科技公司四月工资发放表

员工编号	姓名	所属部门	基本工资	加班费	缺勤扣款	业绩奖金	税前工资
1001	张常乐	市场部	4000	70	105	18000	21965
1002	高鹏飞	研发部	5500	140	709	3210	8141
1003	贾景龙	研发部	3200	140	771	0	2569
1004	王　辰	研发部	3500	70	326	19296	22540

图 4-54　利用填充柄应用公式

2. 计算应纳税所得额

① 选中 I3 单元格，输入“=H3-3500”，单击回车键。

② 利用填充柄对“应纳税所得额”这列进行自动填充，如图 4-55 所示。

3. 计算应交所得税

根据上面所计算的应纳税所得额，参照《所得税率表》来计算应交所得税。

① 选中 J3 单元格，输入“=I3*25%-1005”，单击回车。

② 复制 J3 单元格，在 J6、J8 单元格中粘贴，结果如图 4-56 所示。

③ 选中 J4 单元格，输入“=I4*3%”，单击回车。

④ 复制 J4 单元格，在 J7、J9、J10、J11 单元格中粘贴，结果如图 4-57 所示。

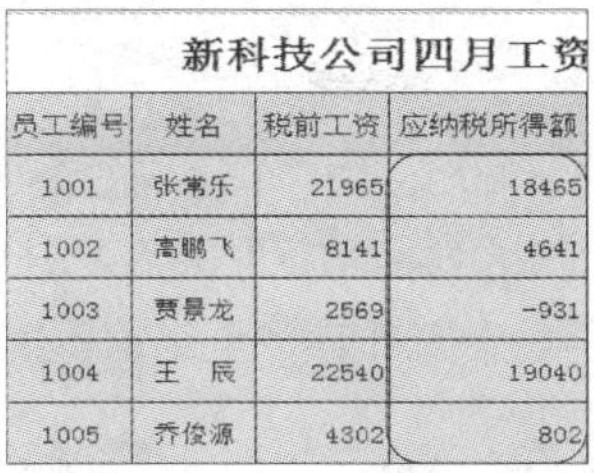

新科技公司四月工资			
员工编号	姓名	税前工资	应纳税所得额
1001	张嵩乐	21965	18465
1002	高鹏飞	8141	4641
1003	贾景龙	2569	-931
1004	王　辰	22540	19040
1005	乔俊源	4302	802

图 4-55　利用公式计算应纳税所得额

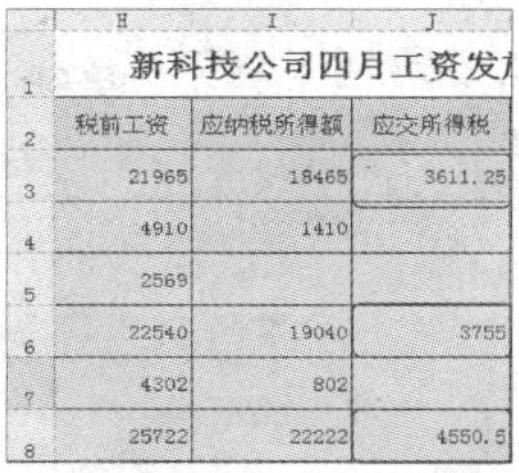

	H	I	J
1	新科技公司四月工资发		
2	税前工资	应纳税所得额	应交所得税
3	21965	18465	3611.25
4	4910	1410	
5	2569		
6	22540	19040	3755
7	4302	802	
8	25722	22222	4550.5

图 4-56　利用公式计算应交所得税

4．计算应发工资

① 选中 K3 单元格，输入“=H3-J3”。

② 按住鼠标左键向下拖动 K3 单元格右下角的填充柄，至 K11 单元格后松开鼠标，得到其他员工的“实发工资”，如图 4-58 所示。

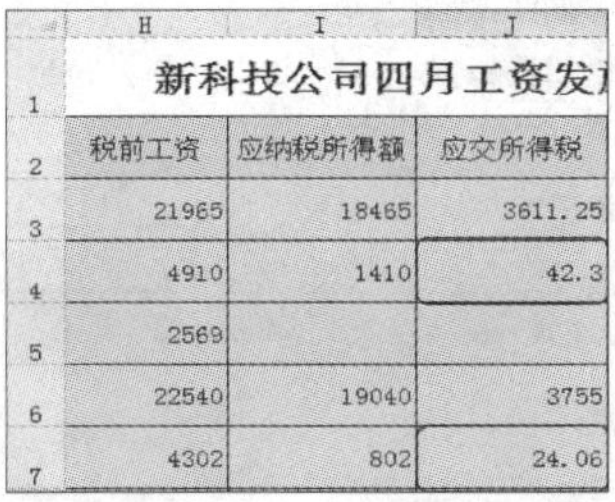

	H	I	J
1	新科技公司四月工资发		
2	税前工资	应纳税所得额	应交所得税
3	21965	18465	3611.25
4	4910	1410	42.3
5	2569		
6	22540	19040	3755
7	4302	802	24.06

图 4-57　利用公式计算应交所得税

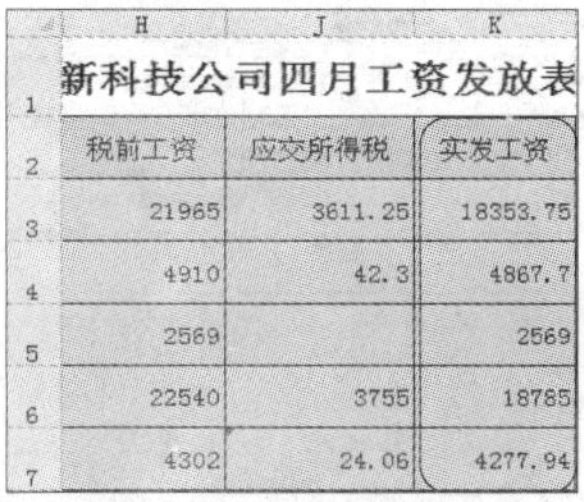

	H	J	K
1	新科技公司四月工资发放表		
2	税前工资	应交所得税	实发工资
3	21965	3611.25	18353.75
4	4910	42.3	4867.7
5	2569		2569
6	22540	3755	18785
7	4302	24.06	4277.94

图 4-58　利用公式计算实发工资

子任务二　显示与删除公式

1．显示公式

在默认情况下，单元格中显示的是利用公式计算后的结果。如果要查看单元格所包含的公式，单击该单元格，然后在编辑栏中可以查看。如果要查看多个单元格中的公式，可以选择“公式”选项卡中“公式审核”组中的“显示公式”按钮 显示公式 。要隐藏公式再次单击该按钮即可。

2．删除公式

如果要删除公式及数据，在选中单元格后单击 Delete 键即可。

如果仅仅要删除公式而不删除数据，选中单元格后复制该单元格或者单元格区域，单击“开始”选项卡“剪贴板”组中的“粘贴”按钮下的“粘贴数值”。

任务五　公式中的引用设置

引用单元格和单元格区域分为相对引用、绝对引用和混合引用三种类型。

子任务一　相对引用

相对引用是指引用单元格的地址会随着存放计算结果的单元格位置的不同而有相应改变，但引用的单元格与包含公式的单元格的相对位置不变。

例如：要求计算“电器销售统计表”中 F 列数据，步骤如下。选择 F3 单元格，输入公式

"=D3*E3"，将单元格 F3 单元格复制到单元格 F5 中，则 F5 单元格中的公式自动改变成 "=D5*E5"，如图 4-59 所示。这种引用属于相对引用。

子任务二　绝对引用

绝对引用是指公式中单元格引用的位置不会随着存放计算结果的单元格的改变而改变，公式中单元格地址保持不变。在使用绝对引用时，在引用单元格的列标和行号前需要分别加符号 "$"。

打开项目二中的"电器销售统计表"，在工作薄中第二个工作表"全年销售统计"工作表中，计算 C 列所占比例情况。其中要绝对引用 B7 单元格的数据。

① 选中 C3 单元格。

② 在 C3 中输入 "=B3/\$B\$7"，单击回车。

③ 拖动 C3 单元格右下角的自动填充柄至 C6 单元格，如图 4-60 所示。

图 4-59　相对引用

图 4-60　绝对引用

子任务三　混合引用

混合引用是既包含绝对引用又包含相对引用，当需要固定行而改变列引用，或者固定列而改变行引用时，就要用到混合引用，即相对引用部分发生改变，绝对引用部分不变。如 C\$3 用于表示引用时 C 列为相对引用，随着位置的改变而改变，但是\$3 表示第 3 行不变。

任务六　Excel 2010 函数的使用

Excel 函数是一些已经定义好的公式，这些公式通过参数接受数据并返回结果。大多数情况下，函数返回的是计算的结果，也可以返回文本、引用、逻辑值、数组等信息。Excel 内置了 12 大类近 400 余种函数，用户可以直接调用。每个函数描述都包括一个语法行，它是一种特殊的公式，所有的函数必须以 "=" 开始，它是预定义的内置公式，必须按语法的特定顺序进行计算。

插入函数时，在"公式"选项卡中，单击"函数库"选项中的"插入函数" *fx* 或者单击编辑栏上的 *fx*，即可打开插入函数对话框。

子任务一　统计函数的使用

在众多类型的函数中，统计函数是日常工作、生活中经常使用的函数，主要用于对数据进行统计分析。通过这类函数，可以完成求和、求平均、求最大值和计数等操作。

1. 利用 SUM、AVERAGE、MAX、MIN 函数计算总分、均分、最高分、最低分

SUM 函数是用来计算某一单元格区域中所有数字的总和的求和函数，语法结构如下。

SUM（number1,number2,…）；

AVERAGE 函数是用来计算指定数据平均值的函数，语法结构为：

AVERAGE（number1,number2,…）；

MAX 函数是用来从指定的单元格区域中返回其中数值最大的值的函数，语法结构为：

MAX（number1,number2,…）；

MIN 函数是用来从指定的单元格区域中返回其中数值最小的值的函数，语法结构为：

MIN（number1,number2,…）；

打开"素材"中的"学生成绩表"工作簿，计算总分、均分、最高分和最低分。

① 打开"学生成绩表"工作簿，选择 I3 单元格。

② 在编辑栏中单击"插入函数"按钮，从中选择 SUM 函数，如图 4-61 所示，单击"确定"。

③ 打开函数参数的对话框，单击"Number1"右侧红色箭头，选择要求和的单元格区域 E3：H3，如图 4-62 所示，单击"确定"按钮。

图 4-61　插入 SUM 函数　　　　　　　　　图 4-62　修改 SUM 函数参数

④ 利用自动填充柄拖曳 I3 至 I30 即可计算出每个学生的总分。

⑤ 选择 J3 单元格，利用上述方法计算出学生成绩的平均分。

⑥ 选择 E31 单元格，插入 MAX 函数，选择 E3：E30 单元格区域，可求出学生成绩的最高分，如图 4-63 所示。

⑦ 选择 E32 单元格，插入 MIN 函数（若在常用函数中找不到，可以选择全部函数，见图 4-64），选择 E3：E30 单元格区域，可求出学生成绩的最低分。

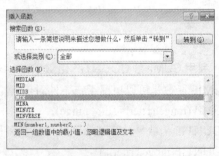

2013373126	岳东东	男	45	68	72
2013373127	李伟	男	81	89	80
2013373128	窦阳	男	57	76	85
最高分			92	100	91
最低分					

图 4-63　执行 MAX 函数后效果　　　　　　图 4-64　插入 MIN 函数

2. 利用 RANK 函数求排名

RANK 函数是用来返回某个数值在数字列表中的排位情况的函数，其语法结构如下。

RANK（number,ref,order）。

number 表示需要进行排位的数值，ref 表示数字列表数组或对数值列表的引用，order 表示对 ref 进行排位的方式，如果是 0 或者忽略是降序排序，如果是非 0 值表示升序排序。

在"学生成绩表"工作簿中利用 RANK 函数计算名次。

① 选择 K3 单元格，插入 RANK 函数。

② 选择 Number 后红色箭头，选择 I3 单元格。

③ 选择 Ref 后红色箭头，选择 I3：I30 单元格区域，并且将其改为$I$3:$I$30，表示对这个单元格区域数据绝对引用，如图 4-65 所示。

④ 在 Order 中输入 0，表示进行降序排序，最终效果如图 4-66 所示。

图 4-65　插入 RANK 函数

计算机基础	总分	平均分	名次
90	331	82.75	5
78	303	75.75	10
58	284	71	14
67	270	67.5	21
64	340	85	4
76	282	70.5	16
68	280	70	18

图 4-66　插入 RANK 函数后效果

3. 利用 COUNT 函数统计个数

COUNT 函数是用于统计指定单元格区域中包含数值的单元格的个数的函数，其语法结构如下。

COUNT(value1,value2…)

在"学生成绩表"工作簿中利用 COUNT 函数来统计考生人数。

① 选择 E33 单元格，插入 COUNT 函数，打开函数参数对话框，如图 4-67 所示。

② 单击 Value1 右侧红色箭头，选择 E3：E30 单元格区域，单击"确定"按钮。

③ 利用自动填充柄拖动 E33 至 H33。

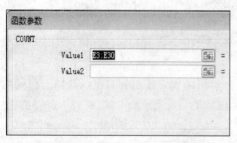

图 4-67　插入 COUNT 函数

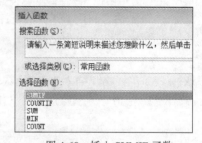

图 4-68　插入 SUMIF 函数

4. 利用 SUMIF、COUNTIF 函数按条件求和与统计

SUMIF 函数是可以根据指定条件对单元格区域进行求和的函数，其语法结构如下。

SUMIF(range,criteria,sum_range);

COUNTIF 函数是计算某个区域中满足条件的单元格数目，其语法结构如下。

COUNTIF(range,criteria);

在"学生成绩表"工作簿中利用 SUMIF 和 COUNTIF 函数来计算所有女生、男生的物理成绩以及每科成绩在 90 分以上的人数。

① 选择 D36 单元格，插入 SUMIF 函数，如图 4-68 所示，打开函数参数对话框。

② 选择 Range 单元格区域为 D3：D30，Criteria 中输入"女"，Sum_range 中选择 G3：G30 单元格区域，如图 4-69 所示。男生物理成绩总和计算步骤与女生的相同。

③ 选择 E34 单元格，插入 COUNTIF 函数，打开函数参数对话框。

④ 在 Range 区域中选择 E3:E30 单元格区域。

⑤ 在 Criteria 中输入">=90"，将 E34 拖至 H34 单元格，即可统计每科成绩大于 90 分的人数，如图 4-70 所示。

图 4-69 修改 SUMIF 参数

图 4-70 修改 COUNTIF 参数

子任务二 逻辑函数的使用

逻辑函数常与其他函数联合使用，它用于条件匹配、真假值判断或者重合检验。下面介绍几种常用的逻辑函数。

1. IF 函数

IF 函数就是用来判断真假，再根据逻辑计算的真假值返回不同结果的函数，其语法结构如下。

IF(logical_test,value_if_true,value_if_false);

logical_test 表示计算结果为 TRUE 或 FALSE 的任意值或表达式，value_if_true 表示表达式为真时要返回的值，value_if_false 表示表达式为假时要返回的值。

（1）在"学生成绩表"工作簿中利用 IF 函数对每个学生进行评价，平均分数大于等于 80 分为"优秀"，其余为"合格"。

① 选择 L3 单元格，插入 IF 函数，打开 IF 函数参数对话框。

② 在 Logical_test 中单击右侧红色箭头，选中 J3 单元格，输入 ">=80"。

③ 在 Value_if_true 中输入"优秀"。

④ 在 Value_if_false 中输入"合格"，单击"确定"按钮，如图 4-71 所示。

图 4-71 书写 IF 函数参数

⑤ 利用自动填充柄将 L3 单元格拖至 L30 单元格。

除了在函数参数对话框中输入各项参数之外，还可以直接选中 L3 单元格，在编辑栏中输入"=IF(J3>=80,"优秀","合格")"，按回车键即可。

（2）IF 函数还可以进行嵌套，从而实现多种情况的判断与选择。例如在"学生成绩表"工作簿中利用 IF 函数对每个学生进行评价，平均分数大于等于 80 分的为"优秀"，70～79 的为"良好"，60～69 的为"合格"，小于 60 的为"不合格"。

① 选择 L3 单元格。

② 在编辑栏中输入"=IF(J3>=80,"优秀",IF(J3>=70,"良好",IF(J3>=60,"合格","不合格")))"。

③ 利用自动填充柄将 L3 单元格拖至 L30 单元格，效果如图 4-72 所示。

注意
在编辑栏中输入函数参数时，符号一律使用英文符号。

2. AND 函数

AND 函数就是用于对多个逻辑值进行交集计算的函数，其语法结构如下。

AND（logical1，logical2…）；如果所有参数的逻辑值为真，则返回逻辑值 TRUE。

Logical 参数是待测的条件，逻辑值为 TRUE 或者 FALSE。

在学生成绩表中填写奖励一栏，学生英语、数学、物理、计算机基础分数均大于等于 90 分的，奖励一栏为"有奖"，否则为"无奖"。

① 选择 M3 单元格。

② 在编辑栏中输入 "=IF(AND(E3>=90,F3>=90,G3>=90,H3>=90),"有奖","无奖")"。

③ 利用自动填充柄将 M3 单元格拖至 M30 单元格，效果如图 4-73 所示。

3. OR 函数

OR 函数就是用于对多个逻辑值进行并集计算的函数，其语法结构如下。

OR（logical1，logical2…）。

OR 函数的参数与 AND 函数类似，不同的是 OR 函数只需要满足其中一个条件就会返回 TRUE，只有所有参数均为 False 时才会返回 False。

在学生成绩表中填写"是否有挂科"一栏，只要有一门低于 60 分，该栏中就显示为"有挂科"，否则显示为"无"。

① 选择 N3 单元格。

② 在编辑栏中输入 "=IF(OR(E3<=60,F3<=60,G3<=60,H3<=60),"有挂科","无")"。

③ 利用自动填充柄将 N3 单元格拖至 N30 单元格，效果如图 4-72 所示。

子任务三　数学函数的使用

1. INT 函数

INT 函数主要用来计算不大于数值 number 的最大整数，其语法结构如下。

INT(number)。

例如：INT（12.46）=12，INT（-12.46）=-13。

2. ROUND 函数

ROUND 函数用来对数值 number 进行四舍五入，其语法结构如下。

ROUND（number，num_digits），其中若 num_digits>0，则保留 num_digits 位小数；若 num_digits=0，则保留整数；若 num_digits<0，则从个位向左对第（num_digits）位进行舍入。

例如：ROUND（24.468,2）=24.47；

ROUND(26.45678,-1)=30；

ROUND(326.45678,-2)=300。

子任务四　日期与时间函数的使用

日期和时间函数用于在公式中分析和处理日期值和时间值。

（1）NOW 用于返回当前日期和时间所对应的序列号。例如输入 "=NOW()"，则返回值为 2013/4/28 10:07。

（2）TODAY 用于返回系统当前日期的序列号，例如输入"=TODAY()"，则返回值为 2013/4/28。

（3）YEAR 用于返回日期中的年份，例如 "=Year("2013/05/05")"，返回值为 2013。

（4）MONTH 用于返回以序列号表示的日期中的月份。例如输入 "=Month("2013/05/05")"，返回值为 5。

（5）DAY 用于返回日期中的天。例如输入 "=Day("2013/04/28")"，返回值为 28，如图 4-73 所示。

名次	评价	奖励	是否有挂科
3	优秀	有奖	无
11	良好	无奖	无
13	良好	无奖	有挂科
20	合格	无奖	无
1	优秀	有奖	无
15	良好	无奖	有挂科
17	良好	无奖	无
28	合格	无奖	有挂科

图 4-72　插入 IF、AND、OR 逻辑函数后效果

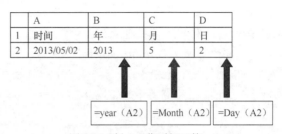

图 4-73　插入日期时间函数

项目三　Excel 2010 数据管理与分析

学习目标：

1. 熟练掌握数据排序；
2. 熟练掌握数据筛选；
3. 熟练掌握数据分类汇总。

任务七　数据排序

对 Excel 数据进行排序是数据分析不可缺少的组成部分，对数据进行排序有助于快速直观地显示数据从而更好地理解数据，有助于组织并查找所需数据，最终做出更有效地决策。

子任务一　简单排序

简单排序是指对数据表中的单列数据按照 Excel 默认的升序或者降序的方式排列。

例如：对"五月份饮料销售统计表"按照销售额进行降序排序。

① 选中 E 列或者 E 列中某一单元格，如 E2 单元格。

② 单击"数据"选项卡中"排序和筛选"组中的降序排序按钮，如图 4-74 所示，最终效果如图 4-75 所示。

产品单价	销售额
¥1.90	¥6,650.00
¥1.80	¥6,840.00
¥1.80	¥6,570.00
¥1.70	¥6,650.40

图 4-74　按销售额进行排序

份饮料销售统计表

销售数量	产品单价	销售额
3840	¥3.50	¥13,440.00
3670	¥3.50	¥12,845.00
5640	¥1.90	¥10,716.00
4710	¥2.10	¥9,891.00
4365	¥2.00	¥8,730.00
2367	¥3.50	¥8,284.50
1524	¥5.30	¥8,077.20

图 4-75　按销售额进行排序后效果

子任务二　多条件排序

多条件排序就是按照一个条件或多个条件对数据进行升序或降序排序。

打开"素材"中的"五月份饮料销售统计表"按照销售数量和销售额进行降序排序。

① 打开"五月份饮料销售统计表"，选中 A2：E34 单元格区域。

② 单击"数据"选项卡中"排序和筛选"组中的排序按钮 。

③ 弹出排序对话框，在"主要关键字"行的 3 个下拉列表框中分别选择"销售数量"、"数值"、"降序"选项，单击"添加条件"按钮，如图 4-76 所示。

④ 在出现的"次要关键字"行的 3 个下拉列表框中分别选择"销售额"、"数值"、"降序"选项，单击"确定"，最终效果如图 4-77 所示。

销售数量	产品单价	销售额
4710	¥2.10	¥9,891.00
4365	¥2.00	¥8,730.00
4210	¥1.90	¥7,999.00
3800	¥3.50	¥13,300.00
3800	¥1.80	¥6,840.00
3800	¥1.70	¥6,460.00
3690	¥1.80	¥6,642.00

图 4-76　打开排序对话框输入条件

图 4-77　多条件排序后效果

子任务三　自定义排序

在查看一些特殊数据时，用户还可以通过 Excel 提供的自定义条件排序功能自行设置排序规则对数据进行排序。例如对"五月份饮料销售统计表"按照销售区域进行排序，排序的顺序为北京分部、天津分部、上海分部、广州分部。

① 打开"五月份饮料销售统计表"，选中 A2：E34 单元格区域。

② 单击"数据"选项卡中"排序和筛选"组中的排序按钮 。

③ 弹出排序对话框，主要关键字为"销售区域"，排序依据为"数值"，次序为"自定义序列"，如图 4-78 所示。

④ 弹出自定义序列对话框,在输入序列框中输入"北京分部,天津分部,上海分部,广州分部"，单击"添加"按钮，如图 4-79 所示。

⑤ 在自定义序列对话框中和排序对话框中单击"确定"，工作表如图 4-80 所示。

图 4-78　自定义排序

图 4-79　自定义序列对话框

5月份饮料销售统计表

销售区域	销售数量	产品单价
北京分部	3800	¥1.80
北京分部	1365	¥3.00
北京分部	890	¥5.30
天津分部	3800	¥1.70
天津分部	2367	¥3.50
天津分部	5790	¥1.10
上海分部	3800	¥3.50

图 4-80　自定义序列后效果

在 Excel 2010 中，用户可以通过数据筛选功能来查看符合条件的数据。在使用筛选功能后，Excel 将按照设置的条件显示所需数据，将不符合条件的数据隐藏。筛选的方法主要有自动筛选、自定义筛选和高级筛选三种方式。

子任务一　自动筛选

自动筛选器提供了快速访问数据列表的管理功能。通过简单的操作，用户就能筛选掉那些不想看到或者不想打印的数据。在使用自动筛选命令时，也可完成单条件筛选和多条件筛选。

1. 按文本筛选

例如：在"图书销售报表"中筛选出所有 A 商店销售的图书数据列表。

① 单击工作表中有数据区域的任意单元格，选择"数据"选项卡中"排序和筛选"组中的"筛选"按钮，在第 2 行的各列单元格的右侧出现下拉菜单的按钮，如图 4-81 所示。

② 单击销售商店右侧的下拉按钮，在弹出的菜单中选择"A 商店"，单击"确定"即可，如图 4-82 所示。

B	C	D
图书销售报表		
销售商店	单价	数量（册）
A商店	￥ 48.00	6200
B商店	￥ 28.00	5800
A商店	￥ 35.00	6000
C商店	￥ 35.00	5900
A商店	￥ 28.00	5679

图 4-81　自动筛选

图 4-82　自动筛选中文本筛选

2. 按数字筛选

打开"素材"中的"图书销售报表"，从中筛选出销量额在前 10 位的数据列表。

① 单击工作表中有数据区域的任意单元格，选择"数据"选项卡中"排序和筛选"组中的"筛选"按钮。

② 单击"销售额"右侧的下拉按钮，选择"数据筛选"中"10 个最大的值"即可，如图 4-83 所示。

> **注意**
>
> ※除了单条件筛选外，还可以将符合多个条件的数据按照自动筛选的方式一一筛选出来。
> ※要结束自动筛选，再次单击"排序和筛选"组中的"筛选"按钮。

子任务二　自定义筛选

用户使用自定义筛选功能可以按照等于、大于或小于等条件进行筛选。

1. 模糊筛选

例如：使用模糊筛选，筛选出书名中有"数据库"字样的图书记录。

① 打开"图书销售报表"工作表，选择书名右侧下拉按钮，选择"文本筛选"中"包含"，如图 4-84 所示。

图 4-83   自动筛选中数字筛选

图 4-84   文本筛选中包含

② 弹出自定义自动筛选方式对话框，在"包含"后面输入"数据库"，如图 4-85 所示。筛选最终效果如图 4-86 所示。

图 4-85   自定义自动筛选方式

图书销售报表		
书名	销售商店	单价
SQL2005数据库教程	B商店	￥ 28.00
SQL2005数据库教程	A商店	￥ 28.00

图 4-86   筛选出书名中含有"数据库"的书

2. 范围筛选

例如：使用范围筛选，筛选出单价在 50 到 80 的书的记录。

① 打开"图书销售报表"工作表，选择单价右侧下拉按钮，选择"数字筛选"中"介于"，如图 4-87 所示。

② 弹出自定义自动筛选对话框，在"大于或等于"后输入 50，在"小于或等于"后输入 80，如图 4-88 所示。

图 4-87   数字筛选

图 4-88   范围设定

3. 通配符筛选

例如：使用通配符筛选，筛选出书名前面为"Excel"的记录。

① 打开"图书销售报表"工作表，选择书名右侧下拉按钮，选择"文本筛选"中"自定义筛选"。

② 弹出自定义自动筛选方式对话框，在"等于"后输入"Excel*"，如图 4-89 所示。最终效果如图 4-90 所示。

图 4-89 通配符筛选

书名	销售商店
Excel 2010	A商店
Excel 2007	C商店
Excel 2010	C商店

图 4-90 通配符筛选后效果

子任务三 高级筛选

要通过复杂的条件来筛选单元格区域，应首先选定工作表中的指定区域创建筛选条件，然后单击"数据"选项卡"排序和筛选"组中的"高级"按钮，打开"高级筛选"对话框，分别选择要筛选的单元格区域、筛选条件区域和保存筛选结果的目标区域。

1. 同时满足多个条件的筛选

例如：从"图书销售报表"中筛选出 A 商店里面销量在 7000 册之上的数据记录。

① 在"图书销售报表"中找任意空白单元格，如在 F7 中输入"销售商店"，在 G7 中输入"数量（册）"，在 F8 中输入"A 商店"，在 G8 中输入">=7000"，如图 4-91 所示。

② 单击数据区域的任意单元格，选择"排序和筛选"组中的"高级"按钮，如图 4-92 所示。

	F	G
7	销售商店	数量（册）
8	A商店	>=7000

图 4-91 高级筛选中条件格式

图 4-92 选择高级筛选

③ 弹出"高级筛选"对话框，单击列表区域右侧红色箭头，选择整个数据表 A2：E32，单击条件区域右侧红色箭头，选择 F7：G8 单元格区域，如图 4-93 所示。

也可以在高级筛选对话框中选择"将筛选结果复制到其他位置"，然后在"复制到"中选择空白单元格区域即可，最终筛选结果如图 4-94 所示。

图 4-93 设置高级筛选

图书销售报表

销售商店	单价	数量（册）
A商店	￥ 29.00	12180
A商店	￥ 56.00	8500
A商店	￥ 56.00	8000
A商店	￥ 56.00	12500
A商店	￥ 28.00	7600

图 4-94 高级筛选结果显示

2. 满足其中一个条件的筛选

在上述条件区域中的同一行中输入所有条件，表示"与"关系筛选。如果将条件输入到不同行中，则表示用"或"关系筛选条件来进行筛选，即只要符合其中一个条件，记录就会显示出来。

例如：在"图书销售报表"中筛选出 A 商店的数据记录或者销量在 7000 以上的数据记录。

① 在"图书销售报表"中找任意空白单元格，如在 F7 中输入"销售商店"，在 G7 中输入"数量（册）"，在 F8 中输入"A 商店"，在 G9 中输入">=7000"，如图 4-95 所示。

② 单击数据区域的任意单元格，选择"排序和筛选"组中的"高级"按钮。

③ 弹出高级筛选对话框,在列表区域中选择整个数据表 A2：E32，在条件区域中选择 F7：G9 单元格区域。

	F	G
7	销售商店	数量（册）
8	A商店	
9		>=7000

图 4-95 "或"条件高级筛选条件区域

任务九　数据分类汇总

分类汇总是对数据清单中的数据进行分类，在分类的基础上汇总。分类汇总时，用户不需要创建公式，系统会自动创建公式，对数据清单中的字段进行求和、求平均值和求最大值等函数运算。分类汇总的计算结果，将分级显示出来。

子任务一　简单分类汇总

简单分类汇总主要用于对数据表中的某一列进行排序，然后进行分类汇总。

例如：在"五月份电器销售统计表"中，按照销售区域，对销售额进行分类汇总。

① 选中"销售区域"一列中任意单元格，单击"排序和筛选"中的升序排序按钮 ，工作表就会按照销售区域进行排序，如图 4-96 所示。

② 选择"数据"选项卡"分级显示"组中的"分类汇总"按钮。

③ 弹出分类汇总对话框，其中分类字段为"销售区域"，汇总方式为"求和"，选定汇总项为"销售额"，如图 4-97 所示。

单击"确定"之后，分类汇总效果如图 4-98 所示。

图 4-96 按销售区域进行排序后结果　　图 4-97 简单分类汇总　　图 4-98 按销售区域对销售额进行分类汇总后结果

注意

※分类汇总之前，要对分类字段进行排序。

※如果要保留先前对数据表执行的分类汇总，则必须清除"替换当前分类汇总"复选框。

※如果选中"每组数据分页"，Excel 将把每类数据分页显示，这样更有利于保存和查阅。

子任务二　多重分类汇总

多重分类汇总用于对数据表中的某一列用相同的"分类字段"进行两种或两种以上方式的汇总。例如在"五月份电器销售统计表"中，对销售区域这一列进行多重分类汇总，进行"销售额"的"求和"与"产品单价"的"平均值"操作。

① 选中"销售区域"一列中任意单元格，单击"排序和筛选"中的升序排序按钮↓↑，工作表就会按照销售区域进行排序，如图4-98所示。

② 选择"数据"选项卡"分级显示"组中的"分类汇总"按钮。

③ 弹出分类汇总对话框，其中"分类字段"为"销售区域"，"汇总方式"为"求和"，"汇总项"为"销售额"，单击"确定"，如图4-99所示，至此得到第一次符合条件的分类汇总。

④ 再次打开"分类汇总"对话框，"分类字段"保持不变，在"汇总方式"中选择"平均值"，在"选定汇总项"中选择"产品单价"，如图4-99所示。

⑤ 单击"确定"，得到多重分类汇总的结果，如图4-100所示。

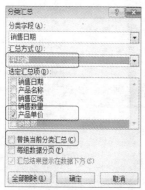

图4-99　多重分类汇总选项

	A	B	C	D
1	五月份电器销售统计表			
2	销售日期	产品名称	销售区域	销售数量
3	2013/5/1	冰箱	北京分部	300 台
4	2013/5/10	冰箱	北京分部	78 台
5	2013/5/10	冰箱	广州分部	30 台
6	2013/5/4	冰箱	天津分部	32 台
7	2013/5/5	电脑	北京分部	90 台
8	2013/5/4	电脑	广州分部	150 台
9	2013/5/6	电脑	上海分部	500 台
10	2013/5/7	电脑	上海分部	100 台
11	2013/5/7	空调	北京分部	35 台

图4-100　多重分类汇总结果显示

> **注意**
>
> ※如果要隐藏分类汇总，单击分类汇总左侧的 −，即将不需要的分类汇总项目隐藏。
>
> ※如果要显示分类汇总，在隐藏之后，单击要显示的分类汇总左侧的 + 按钮。
>
> ※如果要取消数据的分类汇总，可在"分类汇总"对话框中单击"全部删除"按钮。

子任务三　嵌套分类汇总

嵌套分类汇总就是在现有分类汇总的基础上，再对另外的字段应用分类汇总。与多重分类汇总不同，嵌套分类汇总每次使用的"分类字段"不同。另外，建立嵌套分类汇总前，应对工作表中用来进行分类汇总的多个关键字进行排序。

下面通过对"五月电器销售统计表"进行"产品名称"和"销售区域"字段的嵌套分类汇总来进一步熟悉分类汇总的操作。

① 打开"素材"中的"五月电器销售统计表"，对"产品名称"（第一关键字）和"销售区域"（第二关键字）进行排序，效果如图4-101所示。

② 单击"分类汇总"，以"产品名称"为"分类字段"，"汇总方式"为"求和"，"汇总项"为"销售额"，如图4-102所示。

	A	B	C	D
1		五月份电器销售统计		
2	销售日期	产品名称	销售区域	销售数量
3	2013/5/1	冰箱	北京分部	300 台
4	2013/5/10	冰箱	北京分部	78 台
5	2013/5/10	冰箱	广州分部	30 台
6	2013/5/4	冰箱	天津分部	32 台
7	2013/5/5	电脑	北京分部	90 台
8	2013/5/4	电脑	广州分部	150 台
9	2013/5/6	电脑	上海分部	500 台
10	2013/5/7	电脑	上海分部	100 台
11	2013/5/7	空调	北京分部	35 台

图 4-101　排序效果

图 4-102　按照产品名称分类汇总

③ 再次打开分类汇总对话框，选择"销售区域"为"分类字段"，"汇总方式"为对"销售额"进行"求和"，清除"替换当前分类汇总"，单击"确定"，效果如图 4-103 所示。

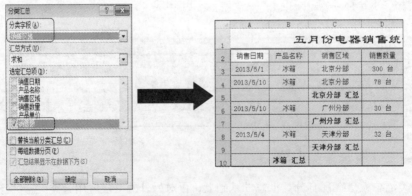

图 4-103　按照产品名称和销售区域嵌套分类汇总

项目四　Excel 2010 数据图表操作

学习目标：

1. 熟练掌握数据图表的创建；
2. 熟练编辑数据图表；
3. 熟练掌握数据图表格式化。

图表以图形化方式表示工作表中的内容，是直观显示工作表内容的方式。图表具有较好的视觉效果，方便用户查看数据的差异和预测趋势。使用图表可以使乏味的数据变得生动起来，更易于比较数据。

Excel 2010 提供了多种形式的图表供用户选择，如柱形图、折线图、饼图、条形图、面积图、散点图和其他图表等，其下又包含很多子类型的图表。创建图表的方法很简单，在工作表中选择需要创建图表的单元格区域，（若是不连续的单元格区域需按住 Ctrl 键）然后通过"插入/图表"组选择需要的图表类型即可完成创建操作。

打开"素材"中的"月收入对比表"，创建"月收入对比图表"。

① 选择要创建图表的数据区域 A2：M5。

② 单击"插入"选项卡"图表"组中"柱形图"按钮，在展开的列表框中选择一种图表类型，如图 4-104 所示。Excel 自动在工作表中插入一张图表，并显示"图表工具"选项卡，如图 4-105 所示。

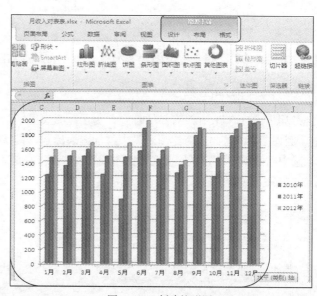

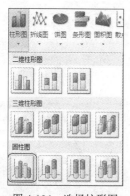

图 4-104　选择柱形图　　　　　　　　　　图 4-105　创建柱形图

注意

图表嵌入到工作表中，单击右键，选择"移动图表"，单击"新工作表"，就可以将嵌入图表变成一个独立的图表工作表。

任务十一　编辑图表

在工作表中创建图表之后，呈现的是如图 4-105 所示的 Excel 默认的无背景颜色、无图表名称的图表效果，因此还需要对其进行编辑，如更改图表和其中元素的布局、美化图表的格式等，使其达到更好的效果。选中图表后，激活图表工具，其中有"设计"、"布局"、"格式"3 个选项卡，通过选项卡下的各个组对图表进行相应的设置。

子任务一　更改图表类型

若图表已经创建好，但对图表的效果不满意，需要对其进行修改，重新设置图表类型。例如：为任务一中已经创建好的"月收入对比图表"重新设置图表类型。

① 选中已经创建好的图表，单击"图表工具"下"设计"选项卡"类型"组的"更改图表类型"按钮，如图 4-106 所示。

② 选择一种图表类型，然后在右侧选择一种子图表，如图 4-107 所示。

图 4-106　选择"更改图表类型"

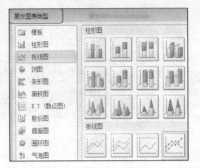

图 4-107　更改图表类型

③ 单击"确定"，得到更改图表类型后的图表，如图 4-108 所示。

子任务二　添加图表标题

在创建图表时，图表并没有显示标题，为了让图表更好地显示数据信息，可以为图表添加图表标题。例如：在"月收入对比图表"中添加图表标题，具体操作步骤如下。

① 选中已经创建好的"月收入对比图表"，选择"布局/标签"组，单击"图表标题"按钮，选择添加图表标题的方式，如"图表上方"，如图 4-109 所示。

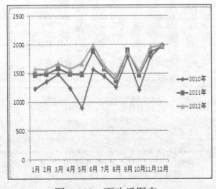

图 4-108　更改后图表

图 4-109　添加图表标题

② 在图表标题文本框中输入标题，如图 4-110 所示。

子任务三　更改图表的数据源

在创建好图表之后，可以修改数据源。例如现只需要前两年的月收入的对比图，其操作步骤如下：

① 选择"月收入对比图图表"。

② 单击"图表工具/设计"选项卡的"数据"组中的选择数据按钮。

③ 打开"选择数据源"对话框，单击"图表数据区域"后面红色箭头，在工作表中重新拖动选择图表数据区域 A2：M4，如图 4-111 所示。

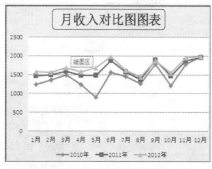

图 4-110　添加图表标题

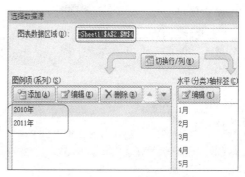

图 4-111　选择数据源

④ 单击"确定"，数据源更改后的效果如图 4-112 所示。

子任务四　图表的移动、复制、缩放与删除

将图表插入工作表时，图表是浮于工作表之上的，可以对图表的位置和大小进行调整。

移动：将鼠标指针移动到图表的边框上，鼠标指针变成十字箭头形状，按住鼠标左键不放，将其拖动至合适位置松开鼠标即可。

复制：在同一工作表中复制图表，在拖动图表的过程中按住 Ctrl 键即可。

如果要在不同的工作表复制图表，使用"复制"、"粘贴"命令即可。

缩放：选中图表后，鼠标放在图表四周的控制点上，指针变成双向箭头形状，按住鼠标左键不放并拖动，可缩小或放大整个图表。

删除：选中图表后直接按 Delete 键。删除图表后，数据源不发生变化。

子任务五　设置图表元素的布局

除了改变图表本身的位置、大小之外，在 Excel 2010 中还可以设置图表内的元素，如坐标轴标题、图例、数据标签、模拟运算表等。下面以"月收入对比图图表"为例来调整图表元素的布局。

1. 设置坐标轴标题
① 选中已经创建好的"月收入对比图表"，选择"布局/坐标轴"组。

② 单击"坐标轴标题"按钮，选择"主要横坐标轴标题"中"坐标轴下方标题"命令，更改横坐标轴标题为"月份"，如图 4-113 所示。

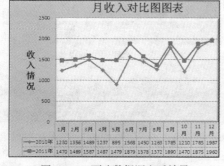

图 4-112　更改数据源之后效果

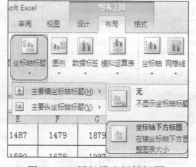

图 4-113　添加横坐标轴标题

③ 单击"坐标轴标题"按钮，选择"主要纵坐标轴标题"中"竖排标题"命令，更改纵坐标轴标题为"收入情况"，效果如图 4-114 所示。

2. 设置图例

① 选中已经创建好的"月收入对比图表"，选择"布局/标签"组。

② 单击"图例"按钮，选择"在右侧显示图例"，效果如图 4-115 所示。

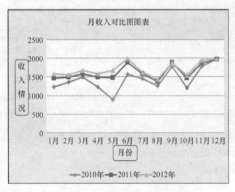

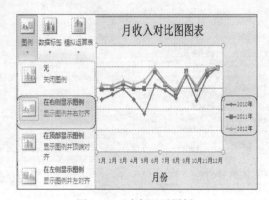

图 4-114　添加横、纵坐标轴标题　　　　　　图 4-115　右侧显示图例

在图例中可以选择"在右侧显示图例"，还可以更改为在左侧、底部、顶部显示图例的方式。

3. 设置数据标签

① 选中已经创建好的"月收入对比图表"，选择"布局/标签"组。

② 单击"数据标签"按钮，选择"上方"，效果如图 4-116 所示。

4. 设置模拟运算表

① 选中已经创建好的"月收入对比图表"，选择"布局/标签"组。

② 单击"模拟运算表"按钮，选择"显示模拟运算表和图例项标示"，效果如图 4-117 所示。

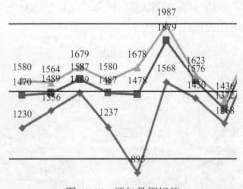

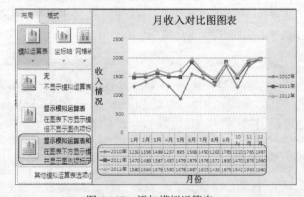

图 4-116　添加数据标签　　　　　　　　图 4-117　添加模拟运算表

任务十二　格式化图表

图表主要是由图表区、绘图区、标题、数据系列、坐标轴、图例、模拟运算表和三维背景等组成，如图 4-118 所示。

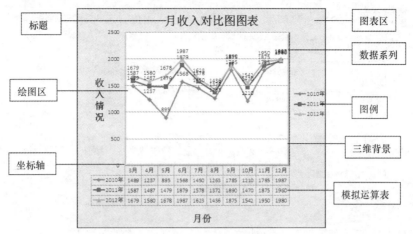

图 4-118　图表组件

子任务一　设置图表区格式

设置图表区格式可以为图表区填充纹理、渐变色和纯色等，还可以添加边框并设置边框颜色和粗细等。操作步骤如下。

① 右击图表区，选择"设置图表区域格式"选项。

也可以选择图表区后，在"图表工具"中"格式选项卡"，单击"设置所选内容格式"打开"设置图表区域格式"对话框。

② 在"设置图表区格式"对话框中，如图 4-119 所示，可以修改填充颜色、边框颜色、边框样式、阴影、发光和柔化边缘、三维格式、大小等。图表区填充颜色后，效果如图 4-120 所示。

图 4-119　设置图表区格式

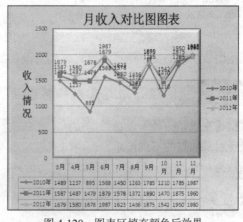

图 4-120　图表区填充颜色后效果

子任务二　设置绘图区格式

绘图区的图案一般都采用默认颜色，可以根据自己喜好设置绘图区的填充颜色、边框颜色、边框样式、阴影、发光和柔化阴影以及三维格式等。

① 右击绘图区，选择"设置绘图区格式"选项。

也可以通过选择"图表工具""布局"选项卡中"绘图区"，单击该按钮，选择"其他绘图区选项"，如图 4-121 所示。

② 在"设置绘图区格式"对话框中修改填充、边框颜色、边框样式、阴影等，如图 4-122 所示。

图 4-121　选择绘图区选项

图 4-122　设置绘图区格式

注意

　　如果创建的图表是二维图表，可以对绘图区进行设置；如果创建的图表是三维图表，则将绘图区更改为背景墙，设置背景墙的方式与绘图区类似，只是增加了三维旋转，可以将数据图表进行旋转。

子任务三　设置图表文字格式

在 Excel 2010 中创建的图表中，默认的图表标题、图例和坐标轴标题等文字是黑色、宋体。为了使图表更加美观，可以设置图表的文字字体、字号和颜色。

① 在"月收入对比图图表"中单击选择标题。

② 选择"开始/字体"组，可以对标题的字体、字号、颜色等进行设置。

其他图表组件的文字格式的设置方法与设置图表标题的方法类似。

任务十三　创建数据透视表和数据透视图

数据透视表是一种对大量数据快速汇总和建立交叉列表的交互式表格。用户可以旋转其行或列以查看对源数据的不同汇总，还可以通过显示不同的行标签来筛选数据，或者显示所关注区域的明细数据。它是 Excel 强大数据处理能力的具体体现。

子任务一　创建数据透视表

打开"素材"中的"电器销售统计表"，创建数据透视表，实现不同产品在不同销售区域的销售额情况列表。步骤如下。

① 单击工作表中任一非空单元格，单击"插入"选项卡"表"组中的"数据透视表"按钮。

② 打开"创建数据透视表"对话框，单击选择"表/区域"文本框右侧按钮，用鼠标拖曳选择 A2:F32 单元格区域，在"选择放置数据透视表的位置"选中"新工作表"，如图 4-123 所示。

③ 单击"确定"，弹出数据透视表的编辑界面。将"产品名称"、"销售区域"拖曳到"行标签"区域，将"销售额"拖曳到"数值"区域，如图 4-124 所示，注意拖曳顺序。

要创建数据透视表，首先要在工作表中创建数据源。如果工作表中的数据是以二维表格形式存在的，如图 4-126 所示，只能把二维表格转换为图 4-127 所示的一维表格，才能成为数据透视表的理想数据源。

创建好的数据透视表如图 4-125 所示。

图 4-123　"创建数据透视表"对话框

3	行标签	求和项：销售额
4	⊟冰箱	1540000
5	北京分部	1323000
6	广州分部	105000
7	天津分部	112000
8	⊟电脑	4704000
9	北京分部	504000
10	广州分部	840000
11	上海分部	3360000

图 4-125　创建好的数据透视表　　图 4-124　设置数据透视表字段

	销售日期	销售区域
冰箱	2013/5/1	北京分部
	2013/5/4	天津分部
	2013/5/10	广州分部
	2013/5/10	北京分部
电脑	2013/5/4	广州分部
	2013/5/5	北京分部
	2013/5/6	上海分部
	2013/5/7	上海分部

图 4-126　二维表格

销售日期	产品名称	销售区域
2013/5/1	冰箱	北京分部
2013/5/1	空调	上海分部
2013/5/1	洗衣机	北京分部
2013/5/1	液晶电视	北京分部
2013/5/4	冰箱	天津分部
2013/5/4	电脑	广州分部
2013/5/4	液晶电视	天津分部
2013/5/5	电脑	北京分部

图 4-127　一维表格

子任务二　编辑数据透视表

1. 修改数据透视表布局

打开子任务一中创建好的数据透视表，互换行和列。

① 打开子任务一中创建好的数据透视表，单击表格中任一非空白单元格，右侧显示"数据透视表字段列表"。

② 将 "行标签" 中的 "产品名称"、"销售区域" 拖曳至 "列标签" 中，如图 4-128 所示。修改后的数据透视表如图 4-129 所示。

2. 添加或者删除字段

用户可以根据需要随时向透视表添加或者删除字段。要添加字段，只需将报表字段拖至相应区域即可；要删除字段，只需将字段拖离标签或者数值区域即可。添加字段的步骤如下。

① 打开子任务一中创建好的数据透视表，单击表格中任意非空白单元格，右侧显示 "数据透视表字段列表"。

② 在 "选择要添加到报表的字段" 中选择 "销售数量"，拖曳到 "行标签" 区域。

③ 在 "选择要添加到报表的字段" 中选择 "产品单价"，拖曳到 "数值" 区域，如图 4-130 所示。

图 4-128　互换行和列　　　　图 4-129　互换行与列后的数据透视表　　　　图 4-130　添加字段

3. 改变数据透视表汇总方式

Excel 数据透视表默认的汇总方式是求和，用户可以根据需要改变数据透视表中数据项的汇总方式。例如将案例中的销售额的求和汇总改为平均值汇总。

① 单击数据透视表右侧 "数值" 区域中 "求和项:销售额" 按钮，选择 "值字段设置" 选项，如图 4-131 所示。

② 打开 "值字段设置" 对话框，在 "值字段汇总方式" 中选择 "平均值"，如图 4-132 所示。

③ 单击 "值字段设置" 对话框下方的 "数字格式"，选择 "货币" 类型。

改变汇总方式后的数据透视表如图 4-133 所示。

4. 修改数据透视表的数据排序

排序是数据表中的基本操作，用户总是希望数据能够按照一定的顺序排列。数据透视表的排序不同于普通工作表的排序。

例如要按照销售额的平均值项进行降序排序。选择 C 列任意单元格，单击 "选项" 卡中 "排序和筛选" 组中的 "降序" 按钮，如图 4-134 所示。

排序后的数据透视表如图 4-135 所示。

图 4-131　选择"值字段设置"

图 4-132　设置值汇总方式

图 4-133　改变汇总方式后的数据透视表

图 4-134　修改数据排序

图 4-135　改变汇总方式后的数据透视表

子任务三　创建数据透视图

数据透视图是数据透视表的可视化表现，可用图表的形式将数据透视表形象、直观地展现出来。数据透视图和图表一样，具有丰富的表现类型，包括柱形图、折线图、饼图、条形图、面积图等，不同之处在于数据透视图的"轴字段"和"图例字段"都有相应的下拉箭头，可以像数据透视表一样更改布局和字段。对图 4-135 所示的数据透视表创建数据透视图，步骤如下。

① 选择数据透视表中任意单元格，打开"数据透视表工具"的"选项"选项卡，单击"工具"组中的"数据透视图"按钮，如图 4-136 所示。

② 在弹出的"插入图表"对话框中，从左侧选择一种图表类型，例如选择"柱形图"中的"簇状柱形图"，单击"确定"按钮。效果如图 4-137 所示。

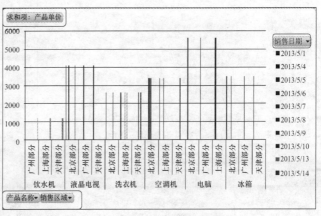

图 4-136　打开数据透视图

图 4-137　建立数据透视图

③ 在数据透视图右侧的"数据透视表字段列表"中可以对"轴字段"和"图例字段"进行设置。

④ 在数据透视图中单击"轴字段"和"图例字段"的下拉菜单按钮，可以手动筛选相应的数值。

注意

数据透视图、数据透视表、源数据都是相关联的，当数据透视表中的字段变化时，数据透视图的字段也会随之变化。如果源数据发生变化，可以在数据透视表的任意单元格中单击右键，从弹出的菜单中选择"刷新"命令获得更新数据；也可以在数据透视图中空白处单击右键，从弹出的菜单中选择"刷新数据"命令实现更新。

项目五　Excel 2010 工作表的打印

学习目标：

1. 学会根据输出要求设置打印方向与边界、页眉和页脚；
2. 学会设置打印属性；
3. 学会预览和打印文件。

任务十四　页面设置

在打印工作表之前，还需进行页面设置。通过页面设置，可以确定工作表中的内容在纸张中打印出来的位置。页面设置包括纸张大小、页边距以及打印方向等。

打开"素材"中的"学生成绩表"进行页面设置。

子任务一　设置页面

① 单击"页面布局"选项卡中"页面设置"组右侧的下拉菜单，如图 4-138 所示。

② 打开"页面设置"对话框，设置纸张方向、缩放、大小等，如图 4-139 所示。

图 4-138　设置页面布局

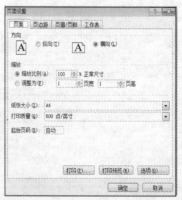

图 4-139　设置页面属性

注意

若工作表有多项，要求每页都打印表头（顶端标题和左侧标题），则在"页面设置"中"工作表"选项卡中设置"顶端标题行"或"左端标题行"栏，在工作表中选定表头区域即可。

子任务二　设置页边距

① 单击"页面布局"选项卡中"页面设置"组中的"页边距"按钮，在展开的下拉列表框中可以选择"上次的自定义设置"、"普通"、"宽"三种样式，如图 4-140 所示。

② 单击"自定义边距"按钮，打开"页面设置"对话框中"页边距"选项卡，分别设置上、下、左、右页边距的值，如图 1-141 所示。

图 4-140　设置页边距

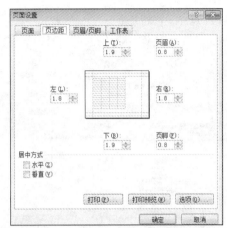

图 4-141　自定义页边距

> **注意**
>
> 选中"页边距"选项卡中的"水平"和"垂直"复选框，可使打印的表格在打印纸上既水平居中又垂直居中。

子任务三　设置页眉页脚

页眉和页脚分别位于打印页的顶端和底端，用来打印表格名称、页号、作者名称或时间等。

① 打开"学生成绩表"，单击"插入"选项卡"文本"组中的"页眉和页脚"按钮，在工作表上方、下方会自动出现页眉和页脚文本框，如图 4-142 所示。

② 单击页眉文本框，输入"2012-2013-2 学生成绩表"。

③ 单击页脚文本框处，在左侧"页脚"下拉菜单中选择"第 1 页，共? 页"，如图 4-143 所示。

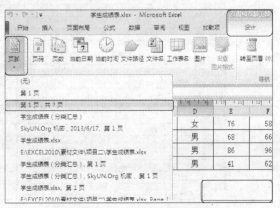

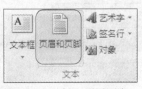

图 4-142　插入页眉页脚

图 4-143　插入页脚

任务十五　设置打印区域和分页预览

子任务一　设置打印区域

① 在 Excel 工作表中选中要打印的区域。

② 单击"页面布局"中"打印区域"按钮，单击"设置打印区域"，将所选区域设置为打印区域，如图 4-144 所示。

③ 单击"文件"选项卡中的"打印"可以预览打印，如图 4-145 所示。

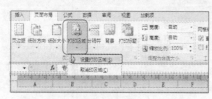

图 4-144　设置打印区域

图 4-145　打印预览

子任务二　分页预览

单击"视图"选项卡"工作簿视图"组中的"分页预览"按钮，可以将工作表从普通视图切换到到分页预览视图，如图 4-146 所示。蓝色虚线为"分页预览"视图中的自动分页符。

在分页预览视图中，可以用鼠标拖动分页符的方法来改变它在工作表上的位置。

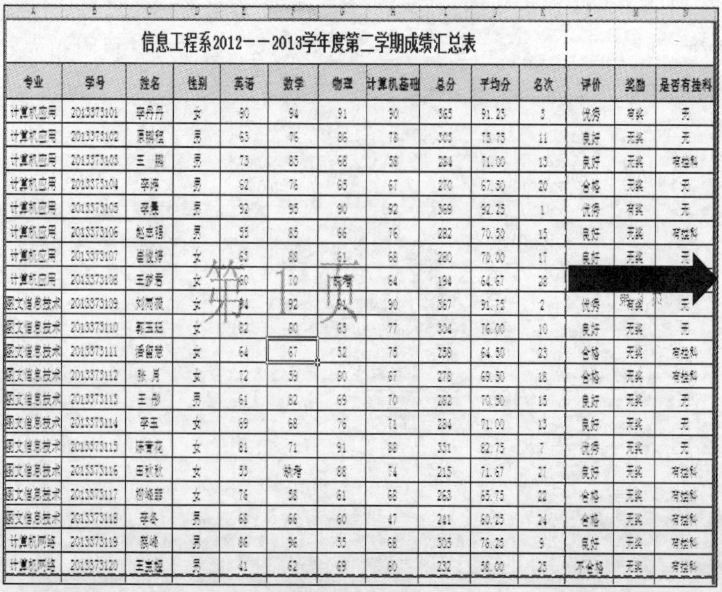

图 4-146　分页预览

1. 突出型饼图

在 Excel 中有时需要突出某个扇区，这时需要用到突出型饼图。

① 依据上面所讲图表知识建立二维饼图，如图 4-147 所示。

② 选中图表，再单击选中"高级"扇面，拖动鼠标，如图 4-148 所示。

图 4-147　建立饼图

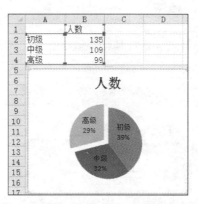

图 4-148　建立突出型饼图

2. 复合饼图

在 Excel 中插入饼图时有时会遇到这种情况，饼图中的一些数值具有较小的百分比，将其放到同一个饼图中难以看清这些数据，这时使用复合条饼图就可以提高小百分比数值的可读性。具体操作如下。

① 将原始数据进行修改，如图 4-149 所示。

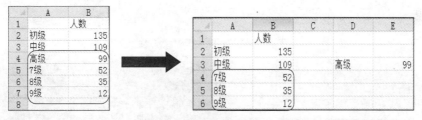

图 4-149　修改原始数据

② 选中 A1:B6 单元格区域，插入复合型饼图，如图 4-150 所示。

③ 选中图表，右键单击选择"设置数据系列格式"，将"第二绘图区包含最后"的值改为 3，如图 4-151 所示，饼图如图 4-152 所示。

如果要将复合饼图改为复合条饼图，在图表上右键单击，更改图表类型为"复合条饼图"即可。效果如图 4-153 所示。

3. 双子饼图

Excel 的同一张图表中，可以绘出像双胞胎一样的、大小一样却分别属于不同系列的数据各异的两个饼图，而且每一个饼图上扇区百分比之和都等于 100%。我们可以称其为"双子饼图"或者"孪生饼图"。具体操作如下。

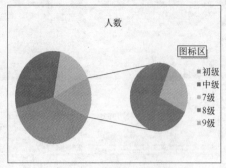

图 4-150 插入复合型饼图

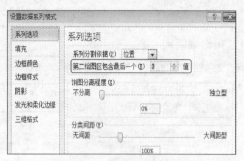

图 4-151 设置数据系列格式

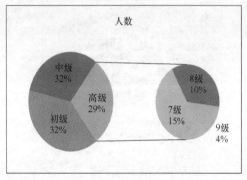

图 4-152 复合型饼图

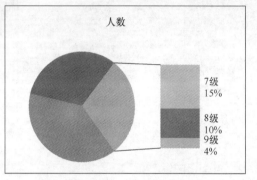

图 4-153 复合条饼图

① 选取 A2:C7 单元格区域，使用图表向导创建复合饼图，如图 4-154、4-155 所示。

2012-2013年某企业各地区销售额（万元）		
地区	2012年	2013年
北京	78	128
广州	40	35
上海	30	83
深圳	80	158
西安	140	69

图 4-154 原始图

图 4-155 复合饼图

② 单击"图表工具"选项卡"设计"中的"选择数据"，打开"选择数据源"对话框，选择"2013 年"，如图 4-156 所示。

③ 单击"布局"中的"系列 2013 年"，单击"设置所选内容格式"，设置如图 4-157 所示，将图表中系列线删除，如图 4-158 所示。

④ 选中左侧绘图区，单击右键，设置填充为"无填充"。

⑤ 同样，在"布局"中选中"系列 2012 年"，对所选内容进行设置如图 4-159 所示。

⑥ 分别选中"布局"中"2012 年"和"2013 年"，单击"标签"组中的"数据标签"，进行相应设置。最终效果图如图 4-160 所示。

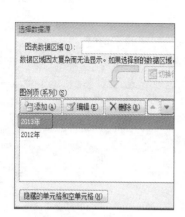

图 4-156 选择数据源

图 4-157 设置内容格式

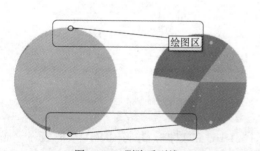

图 4-158 删除系列线

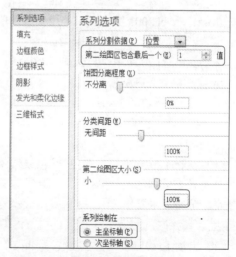

图 4-159 设置内容格式

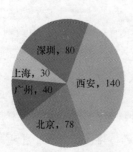

2012年

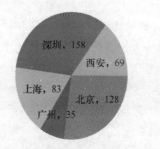

2013年

图 4-160 最终效果图

模块四 数据处理软件 Excel 2010

习题四

一、选择题

1. 在 Excel 2010 中，公式 "＝MIN(4,3,2,1)" 的值是（　　）。

A. 1　　　　　　　　B. 2　　　　　　　　C. 3　　　　　　　　D. 4

2. 函数 AVERAGE(A1:B5) 相当于（　　）。

A. 求(A1:B5)区域的最小值　　　　　　　B. 求(A1:B5)区域的平均值

C. 求(A1:B5)区域的最大值　　　　　　　D. 求(A1:B5)区域的总和

3. 在 Excel 2010 中，以下（　　）是绝对地址，可以在复制或填充公式时，系统不会改变公式中的绝对地址。

A. A1　　　　　　　B. $A1　　　　　　　C. A$1　　　　　　　D. $A$1

4. 在 Excel 2010 中，公式 "＝IF(1<2,3,4)" 的值是（　　）。

A. 4　　　　　　　　B. 3　　　　　　　　C. 2　　　　　　　　D. 1

5. 在 Excel 2010 中，求最小值的函数是（　　）。

A. IF　　　　　　　B. COUNT　　　　　　C. MIN　　　　　　　D. MAX

6. 保存文件时，Excel 工作薄文件的扩展名是（　　）。

A. doc　　　　　　　B. xls　　　　　　　C. txt　　　　　　　D. exe

7. 在 Excel 2007 工作表中，用于表示单元格绝对引用的符号是（　　）。

A. #　　　　　　　　B. %　　　　　　　　C. —　　　　　　　　D. $

8. 在 Excel 2007 中，与公式 "=SUM(A1:A3,B1)" 等价的公式是（　　）。

A. "=A1+A3+B1"　　　　　　　　　　　B. "=A1+A2+A3"

C. "=A1+A2+A3－B1"　　　　　　　　　D. "=A1+A2+A3+B1"

9. 在 Excel 2007 中，单元格区域 A1：B3 共有（　　）个单元格。

A. 4　　　　　　　　B. 6　　　　　　　　C. 8　　　　　　　　D. 10

10. Excel 2010 中，一般在分类汇总操作之前，应该进行（　　）。

A. 选定数据区域的操作　　　　　　　　　B. 筛选操作

C. 分级显示操作　　　　　　　　　　　　D. 排序操作

二、操作题

1. 启动 Excel 2010，在工作表 sheet1 内输入图 4-161 的数据，并将 sheet1 重命名为"成绩表"。

2. 利用函数计算出每位学生的总分和平均分（保留到整数位）。

3. 根据平均分求出简评（平均分≥90 优秀，90＜平均分≤85 良好，85＜平均分≤75 及格，平均分＜75 不及格）。

4. 对成绩表进行单元格格式化：设置列标题内容水平居中对齐，字体为楷体、14 号、加粗、加黄色底纹；工作表边框外框为黑色粗线，内框为黑色虚线。

5. 将单科成绩在 90 分以上的成绩设置成加粗倾斜、灰色底纹。

6. 根据成绩表中姓名、各科成绩产生一个簇状柱形图，作为新表插入，命名为图表。其中图表标题为"学生成绩表"，X 轴标题为"学生姓名"，Y 轴标题为"分数"，图例显示在底部。

7. 复制成绩表，将副本命名为"排序表"，对排序表进行排序，先按"平均分"降序排列，总分相同时再按"姓名"降序排列。

8. 复制成绩表，将副本命名为"筛选表"，在筛选表中筛选出计算机成绩在85～95分（包括85和95分）之间所有的学生记录。

9. 复制成绩表，将副本命名为"汇总表"，在汇总表中汇总出各专业学生各门课程的平均分。

10. 在成绩表中使用数据透视表统计出各专业男女生的人数和总分的平均值。

	A	B	C	D	E	F	G	H	I	J
1	学生成绩表									
2	学号	姓名	性别	专业	C语言	微积分	JAVA	总分	均分	简评
3	2013373101	郭玉珏	女	计算机应用	79	84	76			
4	2013373102	潘留慧	男	计算机应用	87	88	68			
5	2013373103	张 月	男	计算机应用	85	69	85			
6	2013373104	王 彤	男	计算机应用	83	74	89			
7	2013373105	李玉	男	计算机应用	87	95	79			
8	2013373106	陈青花	男	计算机应用	76	85	75			
9	2013373107	田秋秋	女	计算机应用	86	96	84			
10	2013373108	柳峰菲	女	计算机应用	93	80	79			
11	2013373109	李冬	女	软件外包	91	90	90			
12	2013373110	蔡峰	女	软件外包	88	94	87			
13	2013373111	王宝超	女	软件外包	75	80	85			
14	2013373112	乔飞	女	软件外包	72	59	80			
15	2013373113	张超强	男	软件外包	61	82	69			
16	2013373114	延娅娟	女	软件外包	69	68	76			

图 4-161　综合性练习基本数据

模块五

演示文稿制作软件 PowerPoint 2010

学习导航：

本模块分 4 个项目 14 个任务，介绍演示文稿的制作与设计、动画效果与放映、打印与输出，重点是演示文稿的设计与动画效果的设置。

项目一　PowerPoint 2010 工作界面及基本操作

学习目标：

1. 熟悉 PowerPoint 2010 工作界面及视图；
2. 熟练创建演示文稿；
3. 熟练插入、复制、移动、删除幻灯片；
4. 熟练插入文本、艺术字、图形、图像；
5. 熟练插入声音、视频、Flash 动画。

任务一　初识 PowerPoint 2010

PowerPoint 是微软公司开发的一款著名的多媒体演示设计与播放软件，允许用户以可视化的操作，将文本、图像、动画、音频、视频集成到一个可重复编辑和播放的文档中，同时还具有超文本的特性，可以实现链接等诸多复杂的文档演示方式。目前主要用于商业多媒体演示、教学多媒体演示、个人简介演示、娱乐多媒体演示等。作为 Office 2010 最重要的组件之一，PowerPoint 2010 增加了大量实用的功能，为用户提供了全新的多媒体体验。

子任务一　初识 PowerPoint 2010 工作界面

依次选择"开始"、"所有程序"、"Microsoft Office"、"Microsoft PowerPoint 2010"命令即可启动 PowerPoint 2010，其工作界面如图 5-1 所示。

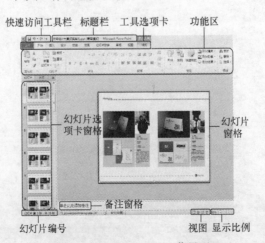

图 5-1　PowerPoint 2010 工作界面

子任务二　演示文稿视图

视图是 PowerPoint 窗体布局的方式。在 PowerPoint 2010 中，软件提供了 4 种视图供用户选择，以根据界面的功能提高用户工作的效率。

1. 普通视图

普通视图是 PowerPoint 2010 默认的视图。在该视图中，提供了工具选项卡、功能区等工具栏，以及幻灯片选项卡、幻灯片和备注等窗格，允许用户编辑幻灯片的内容，并对幻灯片的内容进行简单的浏览，如图 5-2 所示。

2. 幻灯片浏览

幻灯片浏览视图相比普通视图，隐藏了幻灯片和备注等窗格，其他与普通视图保持一致。该视图着重通过幻灯片选项卡窗格显示幻灯片的内容，供用户浏览，并选择相应的幻灯片，如图 5-3 所示。

图 5-2　普通视图　　　　　　　　　　　　　　图 5-3　幻灯片浏览视图

3. 阅读视图

阅读视图是一种简洁的 PowerPoint 视图。在阅读视图中，隐藏了用于幻灯片编辑的各种视图，仅保留了标题栏和状态栏两个工具栏和幻灯片窗格。阅读视图将 PowerPoint 的各种工具和功能进行了大幅精简，通常用于在幻灯片制作完成后对幻灯片进行简单的预览，如图 5-4 所示。

4. 幻灯片放映

幻灯片放映视图是一种仅可应用于全屏的视图。在该视图中，用户可以通过全屏的方式浏览整个幻灯片的演示效果，如图 5-5 所示。

图 5-4　阅读视图　　　　　　　　　　　　　　图 5-5　幻灯片放映视图

子任务三　创建演示文稿

在 PowerPoint 2010 中，用户可以通过以下几种方式创建演示文稿。

1. 自动创建演示文稿

在启动 PowerPoint 2010 时，PowerPoint 2010 会自动创建一个空白演示文稿。此时用户可以直接对该演示文稿进行编辑操作。

2. 创建空白演示文稿

① 选择"文件"选项卡中"新建"命令，在"可用的模板和主题"中选择"空白演示文稿"。
② 单击窗口右侧的"创建"按钮，PowerPoint 将重新创建一个空白的演示文稿，如图 5-6 所示。

3. 从样本模板创建演示文稿

① 选择"文件"选项卡中"新建"命令，在"可用的模板和主题"中单击"样本模板"。
② 打开系统自带的样本模板，选择任意一个样本模板，如图 5-7 所示。

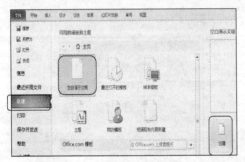

图 5-6　创建演示文稿

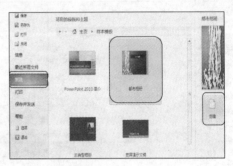

图 5-7　从样本模板创建演示文稿

③ 单击窗口右侧的"创建"按钮。

4. 创建主题文档

① 选择"文件"选项卡中"新建"命令，在"可用的模板和主题"中单击"主题"。
② 打开 PowerPoint 内置的各种主题，选择其中一种主题，如图 5-8 所示。
③ 单击窗口右侧的"创建"按钮。

5. 从 Web 模板创建演示文稿

① 选择"文件"选项卡中"新建"命令，在"Office.com 模板"中单击选择相关的分类，如图 5-9 所示。

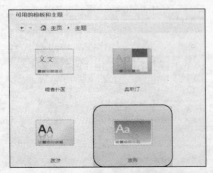

图 5-8　创建主题文档

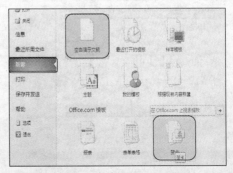

图 5-9　选择 Web 模板

② 在更新的窗口中会显示分类中的子分类，选择子分类后，可查看这些位于 Web 的模板资源。

③ 选中模板后，单击右侧的"下载"按钮，则将其从 Office.com 下载到本地计算机中，如图 5-10 所示。完成下载后，PowerPoint 将自动把模板应用到演示文稿中。

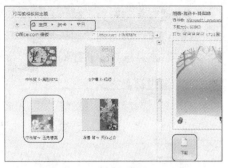

图 5-10　下载相应的模板分类

6. 根据现有内容创建演示文稿

① 选择"文件"选项卡中"新建"命令，在"可用的模板和主题"中单击"根据现有内容新建"按钮，如图 5-11 所示。

② 打开"根据现有演示文稿新建"对话框，选择已有的演示文稿，单击"新建"按钮，创建演示文稿，如图 5-12 所示。

图 5-11　根据现有内容创建演示文稿

图 5-12　选择现有的演示文稿

任务二　幻灯片的插入、复制、移动、删除

幻灯片是 PowerPoint 演示文稿中最重要的组成部分。一个演示文稿可包含多个幻灯片，以供播放。

子任务一　插入幻灯片

PowerPoint 2010 允许用户通过多种方式为演示文稿插入幻灯片。

1. 通过"幻灯片"组插入幻灯片

① 选择"开始"选项卡中"幻灯片"组，单击"新建幻灯片"按钮的下半部分。

② 选择幻灯片的布局，插入幻灯片，如图 5-13 所示。

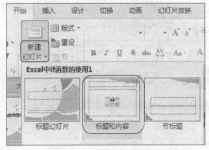

图 5-13　插入幻灯片

2. 通过单击右键，执行命令插入幻灯片

① 将鼠标移动到"幻灯片选项卡"窗格中。

② 右击，选择"新建幻灯片"命令，插入新的幻灯片，如图 5-14 所示。

3. 通过键盘方式插入幻灯片

① 将鼠标移动到"幻灯片选项卡"窗格中，按回车键。

② 插入新的幻灯片，版式为"标题行和内容"，如图 5-15 所示。

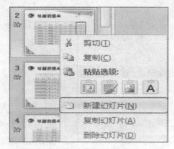
图 5-14 右键单击插入新幻灯片

图 5-15 按回车键插入新幻灯片

子任务二 复制幻灯片

1. 通过剪贴板复制和粘贴

① 从"幻灯片选项卡"中选择相应的幻灯片。

② 选择"开始"选项卡，单击"剪贴板"组中的"复制"按钮。

③ 在任意打开的演示文稿中，在"剪贴板"组中单击"粘贴"按钮，如图 5-16 所示。

2. 通过右击执行复制和粘贴命令

除了单击按钮之外，可以选择好相应的幻灯片之后，单击右键，执行复制、粘贴命令。

图 5-16 复制、粘贴幻灯片

子任务三 移动幻灯片

① 在"幻灯片选项卡"中选中一张幻灯片。

② 按住左键拖动鼠标，将其移动到目标位置即可，如图 5-17 所示。

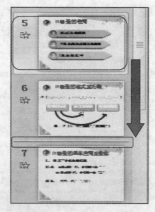
图 5-17 移动幻灯片

※在拖动幻灯片时按住【Ctrl】键，可以复制幻灯片。

※如果需要选择几张连续的幻灯片，可以单击第一张后，按住【Shift】键，再单击最后一张。

子任务四　删除幻灯片

（1）选中幻灯片单击右键，执行"删除幻灯片"命令。

（2）选中幻灯片，按键盘上的【Delete】键。

任务三　插入文本、艺术字、图形、图片

子任务一　插入文本

在幻灯片中添加文本，可以通过在幻灯片占位符中输入文本，也可以通过添加文本框方式输入文本。

1. 在占位符中输入文本

占位符与文本框外观相似，但最大的区别在于占位符将一张幻灯片划分为若干区域，在占位符中可以输入文字、图形、图表、表格或者图片等多种对象。

① 启动 PowerPoint 2010，默认新建一个演示文稿，自动包含一张标题幻灯片。

② 单击主标题和副标题占位符内部，激活输入状态，输入相应文本，如图 5-18 所示。

③ 单击主标题和副标题占位符边框，选择"开始"选项卡中"字体"组对字体、字号进行设置。

2. 添加文本框输入文本

① 单击"插入"选项卡中"文本"组的"文本框"按钮，选择"横排文本框"或者"垂直文本框"，如图 5-19 所示。

图 5-18　在占位符中输入文本

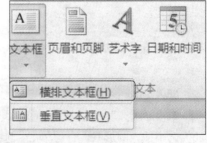

图 5-19　添加文本框

② 在幻灯片中拖出一个矩形，插入点在文本框中闪动，输入文本即可。

对 PowerPoint 中文本的属性进行设置，操作与 Word 基本一样，选择"开始"选项卡中"字体"组和"段落"组进行设置，在此不再一一介绍。

子任务二　插入艺术字

① 单击"插入"选项卡"文本"组"艺术字"按钮，选择相应的艺术字样式，如图 5-20 所示。

② 输入艺术字文本，菜单栏中会出现"格式"选项卡，可以修改艺术字形状样式、艺术字样式、排列以及大小，如图 5-21 所示。

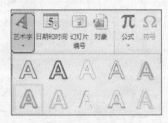

图 5-20　插入艺术字

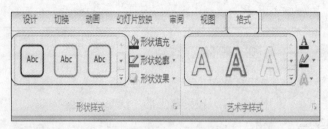

图 5-21　设置艺术字样式

子任务三　插入图形

1. 插入形状

① 单击"插入"选项卡"插图"组"形状"按钮，选择图形样式，如图 5-22 所示。

② 在幻灯片窗格中按住左键拖动鼠标，可以在幻灯片中插入相应的形状。

③ 选中插入的形状，单击右键，选择"设置形状格式"，可以对形状属性进行设置，如图 5-23 所示。

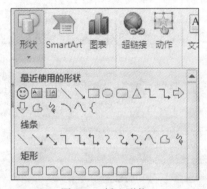

图 5-22　插入形状

图 5-23　设置形状格式

2. 插入 SmartArt

① 单击"插入"选项卡"插图"组"SmartArt"按钮，选择图形插入，如图 5-24 所示。

② 选中插入的形状，右键单击，选择"设置形状格式"，可以对图形属性进行设置，效果如图 5-25 所示。

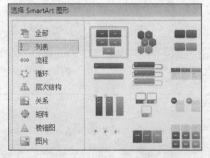

图 5-24　插入 SmarArt

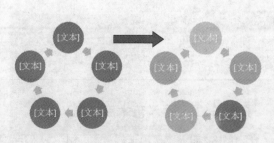

图 5-25　图形格式修改后效果

3. 插入图像

① 单击"插入"选项卡"图像"组"图片"按钮，选择文件中的图片插入，如图 5-26 所示。

② 选中插入的形状图片，单击右键，选择"设置图片格式"，可以对图片属性进行设置，如图 5-27 所示。

图 5-26　插入图片

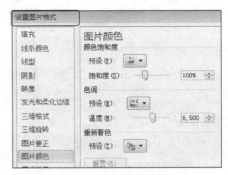

图 5-27　设置图片格式

任务四　插入声音、视频、Flash 动画

子任务一　插入声音

PowerPoint 允许用户为演示文稿插入多种类型的音频，包括 AAC、AIFF、AU、MIDI、MP3、MP4、WAV、WMA。

① 选择"插入"选项卡"媒体"组中的"音频"按钮，如图 5-28 所示。

② 在菜单中选择"文件中的音频"，在弹出的"插入音频"对话框中选择音频文件，单击"插入"，在幻灯片中显示如图 5-29 所示。单击"幻灯片放映"时可以播放音频文件。

图 5-28　插入音频

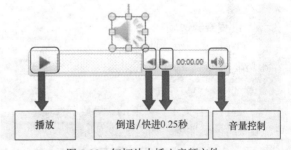

图 5-29　幻灯片中插入音频文件

单击"剪贴画音频"，PowerPoint 2010 将打开"剪贴画"面板，显示本地 PowerPoint 软件和 Office.com 官方网站提供的各种音频素材。

单击"录制音频"，打开"录音"对话框，可以单击"录制"按钮，录制音频文档。完成录制后，单击"停止"按钮，完成录制过程。单击"播放"按钮，试听录制的声音，确认无误后，可单击"确定"按钮，将录制的音频插入到演示文稿中。

子任务二　控制音频播放

PowerPoint 2010 不仅可以为演示文稿插入音频，还可以控制声音播放，并设置音频的各种属性。

1. 试听音频

在设计演示文稿时可以试听插入的声音。选择插入的音频，然后在弹出的浮动框上单击试听的各种按钮，以控制音频的播放，如图 5-29 所示。

2. 淡化音频

淡化音频是指控制声音在开始播放时音量从无声逐渐增大，以及在结束播放时音量逐渐减小的过程。

① 选择音频文件。

② 选择"音频工具"下的"播放"选项卡，在"编辑"组中设置"淡入"、"淡出"值，如图 5-30 所示。

图 5-30　淡化音频

3. 剪裁音频

在录制或者插入音频后，如需要剪裁并保留音频的一部分，可以使用 PowerPoint 的剪裁音频功能。

① 选中音频文件。

② 选择"音频工具"下的"播放"选项卡，在"编辑"组中单击"剪裁音频"按钮，如图 5-30 所示。

③ 打开"剪裁音频"对话框，拖动绿色滑块，调节剪裁开始时间，拖动红色滑块，修改剪裁的结束时间，如图 5-31 所示。

图 5-31　剪裁音频

4. 设置音频选项

音频选项的作用是控制音频在播放时的状态以及播放音频的方式。PowerPoint 允许用户通过音频选项，控制音频播放的效果。

① 选中音频文件。

② 选择"音频工具"下的"播放"选项卡，在"音频选项"组中可以设置音量、声音开始时间、放映时的属性等，如图 5-32 所示。

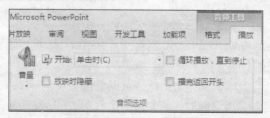

图 5-32　设置音频选项

子任务三　插入视频

PowerPoint 2010 支持多种类型的视频文档格式，允许为演示文稿插入多种类型的视频，主要包括 ASF、AVI、QT、MP4、MPEG、MP2、WMV。

① 选择"插入"选项卡"媒体"组中的"视频"按钮，如图 5-33 所示。

② 在菜单中选择"文件中的视频"，在弹出的"插入视频"对话框中选择视频文件，单击"插入"，在幻灯片中显示如图 5-34 所示。单击幻灯片放映时可以播放视频文件。

图 5-33 插入视频

图 5-34 幻灯片中插入视频文件

除了插入"文件中的视频"外，还可以插入"剪贴画视频"，也可以从一些视频网站中插入在线视频，通过 PowerPoint 调用在线视频播放。

注意

※选择"视频工具"下的"播放"选项卡，可以设置视频文件的播放属性，如图 5-35 所示。

※选择"视频工具"下的"格式"选项卡，可以对视频文件进行简单的处理，比如更正视频、更改颜色、设置标牌框架、应用视频样式等，如图 5-36 所示。

图 5-35 设置视频文件的播放属性

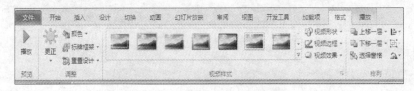

图 5-36 设置视频文件的播放属性

子任务四 插入 Flash 动画

PowerPoint 2010 演示文稿中可以插入扩展名为.swf 的 Flash 动画文件，以增强演示文稿的动画功能。

① 选择"开发工具"选项卡"控件"组中的"其他控件"按钮，如图 5-37 所示。

② 选择 Shockwave Flash Object 控件，如图 5-38 所示，在幻灯片中按住鼠标左键拖动鼠标，绘制出 Flash 控件，如图 5-39 所示。

③ 右击控件，选择"属性"命令，单击"Movie属性"，输入要播放的Flash动画文件的绝对路径，如图5-40所示。

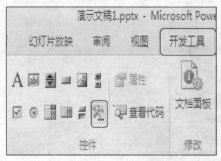

图 5-37　插入 Flash 控件

图 5-38　选择 Shockwave Flash Object 控件

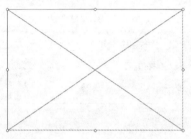

图 5-39　绘制 Flash 控件

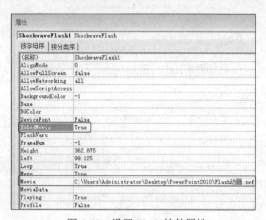

图 5-40　设置 Flash 控件属性

注意

设置 Flash 控件属性时将"EmbedMovie"设置为"True"，这样就可以将 Flash 动画嵌套进 PPT 文件中，PPT 文件即使移植到别处时依然可以播放该动画。

项目二　设计演示文稿

学习目标：
1. 熟练设置演示文稿的版式；
2. 熟练设置演示文稿的母版；
3. 熟练设置演示文稿的主题；
4. 熟练设置演示文稿的背景。

任务五　设置演示文稿版式

幻灯片版式是 Power Point 软件中的一种常规排版的格式，指的是幻灯片内容在幻灯片上的排列方式。PowerPoint 2010 系统内置了多种幻灯片版式。通过幻灯片版式的应用可以更加合理简洁地完成布局。

计算机基础知识与操作技能

148

① 新建演示文稿默认的是"标题幻灯片"版式作为封面。

② 单击"开始"选项卡"幻灯片"组中的"新建幻灯片"按钮之后，系统会自动创建"标题和内容"版式的幻灯片，如图 5-41 所示。

③ 如果要更改幻灯片版式，在选中幻灯片之后，单击"开始"选项卡"幻灯片"组中的"版式"下拉菜单，选择其中一种适宜的版式即可，如图 5-42 所示。

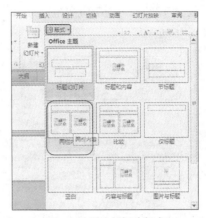

图 5-41　标题幻灯片版式

图 5-42　更改幻灯片版式

设置演示文稿母版

在设计演示文稿时，应保持演示文稿中所有的幻灯片风格一致，以使演示文稿的内容更加协调。PowerPoint 提供了母版工具，母版可分为幻灯片母版、备注母版以及讲义母版三种，其中最常用的是幻灯片母版。幻灯片母版是一种模板，可以存储多种信息，包括字形、占位符大小和位置、背景设计和主题颜色等。

子任务一　幻灯片母版

1. 查看幻灯片母版

① 打开演示文稿，选择"视图"选项卡，单击"幻灯片母版"按钮，如图 5-43 所示，进入"幻灯片母版"视图。在"幻灯片母版"模式下，"幻灯片选项卡"栏将显示当前幻灯片所引用的母版类型，如图 5-44 所示。

② 单击"幻灯片选项卡"栏中任意一个母版或母版所包含的版式，即可在"幻灯片"窗格中查看母版及版式的内容。

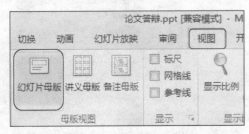

图 5-43　打开幻灯片母版视图

图 5-44　进入幻灯片母版视图

2. 创建幻灯片母版

① 打开演示文稿，选择"视图"选项卡，单击"幻灯片母版"按钮，进入"幻灯片母版"视图。

② 在"幻灯片母版"模式下，选择"幻灯片母版"选项卡，在"编辑母版"组中单击"插入幻灯片母版"按钮，插入一个空白母版，如图5-45所示。

③ 在"编辑母版"组中单击"插入版式"按钮，即可为当前选择的母版创建一个新的版式，如图5-46所示。

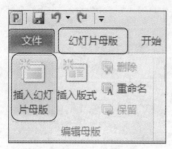

图5-45 插入幻灯片母版

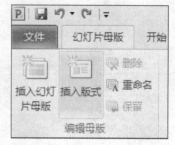

图5-46 插入新的母版版式

3. 修改幻灯片母版

修改幻灯片母版的方式与修改普通幻灯片类似，用户可以方便地选中各种元素，设置元素的样式。

（1）修改项目符号。

① 选择幻灯片母版中占位符中任意级别的项目列表。

② 单击"开始"选项卡中"段落"组中的"项目符号"下拉按钮，在弹出的菜单中设置项目符号的样式，如图5-47所示。

（2）修改占位符。

① 删除占位符。幻灯片母版中有5种占位符，可以选择任意一种占位符，按【Delete】键将其从模板中删除。

② 插入占位符。在删除某个占位符后，在"幻灯片母版"选项卡"母版版式"组中单击"插入占位符"下拉按钮，选择一种占位符插入即可，如图5-48所示。

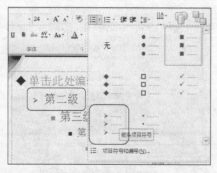

图5-47 修改项目符号

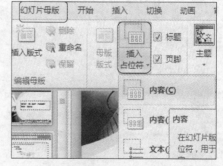

图5-48 插入占位符

子任务二 讲义母版

讲义母版通常用于教学备课工作中，可以显示多个幻灯片的内容，便于用户对幻灯片打印和快速浏览。

① 打开演示文稿，选择"视图"选项卡，单击"讲义母版"按钮，进入"讲义母版"视图，如图 5-49 所示。

② 在"讲义母版"模式下，单击"讲义母版"选项卡，其中可以设置浏览讲义母版的方式、母版和幻灯片的方向以及每页显示幻灯片的数量等，如图 5-50 所示。

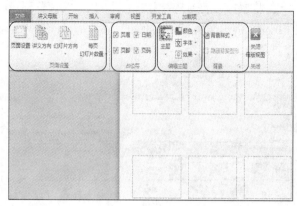

图 5-49　讲义母版视图　　　　　　　　　　　　图 5-50　修改讲义母版

子任务三　备注母版

备注母版也通常用于教学备课工作中，其作用是演示文稿中各幻灯片的备注和参考信息，由幻灯片缩略图和页眉、页脚、日期、正文码等占位符组成。

① 打开演示文稿，选择"视图"选项卡，单击"备注母版"按钮，进入"备注母版"视图，如图 5-51 所示。

② 单击"备注母版"选项卡，其中可以修改备注页的方向、幻灯片的方向，修改页眉、页脚、日期、正文、页码等占位符，以及设置幻灯片图像的显示和隐藏等，如图 5-52 所示。

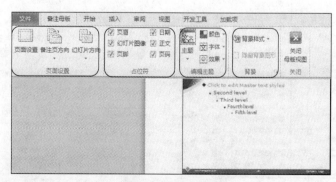

图 5-51　备注母版视图　　　　　　　　　　　　图 5-52　修改备注母版

任务七　设置演示文稿主题

演示文稿主题是应用于整个演示文稿的各种样式的集合，包括颜色、字体和效果三大类。

PowerPoint 预置了多种主题供用户选择。

子任务一 更改主题

① 选择 PowerPoint 2010 "设计"选项卡"主题"组，单击"其他"按钮▼，弹出系统预置的 44 种主题，如图 5-53 所示。

② 将鼠标移动到某一主题上，可以实时预览到相应的效果；单击某一主题，可以将主题快速应用到整个演示文稿当中，如图 5-54 所示；右键单击某一主题，可以选择应用于所选当前幻灯片当中。

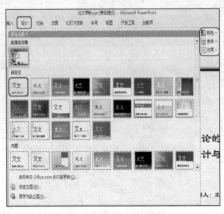

图 5-53 演示文稿主题

图 5-54 应用演示文稿主题

子任务二 更改主题颜色

（1）选择主题颜色。选择"设计"选项卡"主题"组，单击"颜色"按钮■颜色▼，在弹出的菜单中选择任意主题颜色，如图 5-55 所示。

（2）创建主题颜色。在菜单中选择"新建主题颜色"，在弹出的对话框中设置各种类型的颜色。对主题颜色命名后单击"保存"，将其添加到"主题颜色"菜单中，如图 5-56 所示。

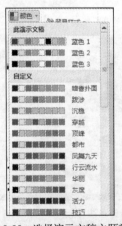

图 5-55 选择演示文稿主题颜色

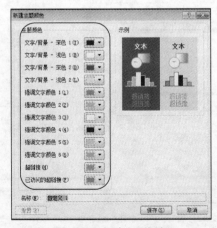

图 5-56 新建主题颜色

子任务三 更改主题字体

（1）选择主题字体。选择"设计"选项卡"主题"组，单击"字体"按钮☒字体▼，可以在弹出的菜单中选择预置的主题字体，如图 5-57 所示。

（2）创建主题字体。在菜单中选择"新建主题字体"，在弹出的对话框中设置西文和中文的标题字体以及正文字体。对主题字体命名后单击"保存"，将其添加到"主题字体"菜单中，如图 5-58 所示。

图 5-57　选择演示文稿主题字体

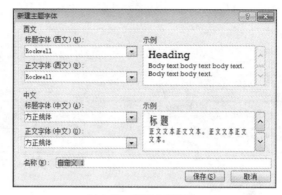

图 5-58　新建主题字体

子任务四　更改主题效果

选择"设计"选项卡"主题"组，单击"效果"按钮，可以在弹出的菜单中选择预置的主题效果，如图 5-59 所示。

由于主题效果的设置非常复杂，因此 PowerPoint 2010 不提供用户自定义主题效果的选项，系统预置了 44 种主题效果供选用。

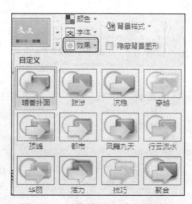

图 5-59　选择演示文稿主题效果

任务八　设置演示文稿背景

在 PowerPoint 2010 中，允许用户使用 5 种类型的内容作为演示文稿的背景。

1. 应用背景样式

选择"设计"选项卡，单击"背景"组中的"背景样式"按钮如图 5-60 所示，在弹出的菜单中选择应用的样式。

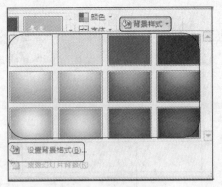

图 5-60　更改背景样式

　　背景样式中通常会显示 4 种色调，其色调的颜色与演示文稿的主题颜色息息相关。在更改演示文稿的主题颜色后，这 4 种色调也将随之发生变化。

2. 纯色填充

　　① 选择"设计"选项卡，单击"背景"组中的"背景样式"按钮。

　　② 单击"设置背景格式"，打开"设置背景格式"对话框。

　　③ 选择"填充"选项卡，在右侧选择"纯色填充"，可在"填充颜色"组中设置"颜色"和"透明度"等属性，如图 5-61 所示。

　　④ 单击"全部应用"按钮后，即可将纯色背景应用到整个演示文稿的所有幻灯片中。

图 5-61　纯色填充

3. 渐变填充

　　① 选择"设计"选项卡，单击"背景"组中的"背景样式"按钮。

　　② 单击"设置背景格式"，打开"设置背景格式"对话框。

　　③ 选择"填充"选项卡，在右侧选择"渐变填充"，可在"预设颜色"中选择各种预设的渐变填充，如图 5-62 所示。

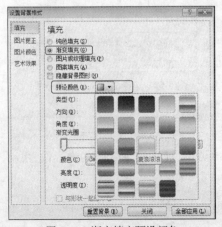

图 5-62　渐变填充预设颜色

如果要自定义渐变填充，则可分别设置渐变颜色的类型、方向、角度、颜色等。

4. 图片或纹理填充

① 打开"设置背景格式"对话框，选择"填充"选项卡。

② 在右侧选择"图片或纹理填充"，单击"纹理"右侧的按钮，选择相应的纹理，如图 5-63 所示。

如果需要设置本地或网络中的图像，可单击"文件"按钮进行选择并插入图像，也可选择从剪贴板或者剪贴画中插入图像。

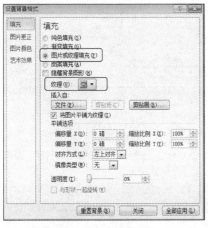

图 5-63　纹理填充

图 5-64　图案填充

5. 图案填充

① 打开"设置背景格式"对话框，选择"填充"选项卡。

② 在右侧选择"图案填充"，从中选择相应的图案，填充到幻灯片中，并可以设置前景色和背景色，如图 5-64 所示。

项目三　演示文稿的动画效果与放映

学习目标：

1. 掌握设置超链接与动作;
2. 熟练掌握设置动画效果;
3. 掌握设置放映方式。

任务九　　超链接与动作设置

子任务一　设置超链接

在演示文稿中，用户可以给文本、形状、图片、表格等添加超链接。所谓超链接，就是从一张幻灯片到同一演示文稿中的另一张幻灯片的连接，或是从一张幻灯片到不同演示文稿的另一张幻灯片、电子邮件地址、网页或文件的连接。用户可以为图片、形状或者艺术字等创建超链接。

1. 超链接到本文档中其他位置

打开 PowerPoint 2010 素材范例文件"计算几何图形面积"，为第二张幻灯片中的文本依次设置超链接。

① 选择第二张幻灯片，选中文本"三角形面积"。

② 选择"插入"选项卡"链接"组中的"超链接"按钮，如图 5-65 所示。

③ 打开"插入超链接"对话框，单击"本文档中的位置"，在右侧选择要链接的幻灯片"幻灯片 3"，单击"确定"即可，如图 5-66 所示。其余文本链接操作方法相同。

图 5-65　插入超链接

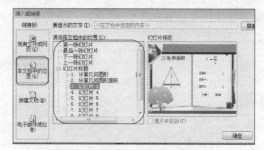

图 5-66　超链接到本文档中的位置

2. 超链接到另一个文件

打开 PowerPoint 2010 素材范例文件"计算几何图形面积"，将第二张幻灯片中的"梯形面积"链接到素材范例文件"梯形的面积计算"中。

① 选择第二张幻灯片，选中文本"梯形面积"。

② 选择"插入"选项卡"链接"组中的"超链接"按钮。

③ 打开"插入超链接"对话框，单击"现有文件或网页"，在右侧选择"梯形的面积计算"文件，单击"确定"即可，如图 5-67 所示。

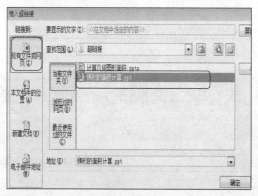

图 5-67　超链接到另一文件

> **注意**
>
> 　　在设置超链接时，不仅能对文本进行超链接，对图形、图片、艺术字、图表、表格都可以设置超链接，同时还可以超链接到另外的文件、网站、电子邮件地址等。

子任务二　设置交互动作

在 PowerPoint 2010 中，设置交互动作是为所选对象添加一个操作，当单击该对象或者鼠标在其上方滑过时会执行相应的操作。可以为文本或者对象（图形、图片、艺术字）设置交互动作。

打开 PowerPoint 2010 素材范例文件"计算几何图形面积",设置交互动作。

① 选择文件"计算几何图形面积"的第三张幻灯片。

② 单击"插入"选项卡"插图"组的"形状"下拉菜单,选择"动作按钮"中的  按钮,如图 5-68 所示。在幻灯片中按住鼠标左键拖动,绘制动作按钮。

③ 系统自动打开"动作设置"对话框,在"超链接到"中选择"幻灯片",寻找到"计算几何图形面积",单击"确定"按钮。

④ 继续插入动作按钮 ▷,"超链接"到"下一张幻灯片"。其余幻灯片的链接同理。

图 5-68 插入交互动作按钮

⑤ 如果需要在链接的时候播放声音,在"动作设置"对话框中选择"播放声音"即可,如图5-69 所示。

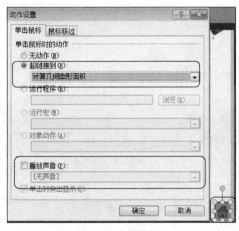

图 5-69 动作设置

任务十　动画效果设置

PowerPoint 除了可以插入文本、图形、图像、声音和视频外,还可以为这些对象添加各种动画效果,也可以为幻灯片添加各种切换效果,使演示文稿的内容更加丰富。

打开"素材"中的"晋城风景介绍",设置动画效果以及幻灯片切换效果。

子任务一　自定义动画效果

动画是 PowerPoint 幻灯片的一种重要技术。通过这一技术,可以将幻灯片的内容以活动的方式展示出来,增强幻灯片的互动性。

1. 动画样式分类

PowerPoint 提供了 4 种类型的动画样式,包括"进入"、"强调"、"退出"以及"路径动画"。

"进入"动画的作用是通过设置显示对象的运动路径、样式、艺术效果等属性,制作该对象自隐藏到显示的动画过程。

"强调"动画主要是以突出显示对象自身为目的,为显示对象添加各种动画元素。

"退出"动画的作用是通过设置显示对象的各种属性,制作该对象自显示到消失的动画过程。

"路径动画"是一种典型的动作动画，其中可以为显示对象指定移动的路径轨迹，控制显示对象按照这一轨迹运动。

2. 应用动画样式

① 选择标题幻灯片中"水墨图片"，单击"动画"选项卡中"动画"组下拉菜单，选择"更多进入效果"，如图 5-70 所示。

② 打开"更多进入效果"对话框，选择"基本型"中的"楔入"，单击"确定"按钮，如图 5-71 所示。

图 5-70　选择更多进入效果

图 5-71　设置进入效果

在"更多进入效果"对话框中，还可以选择细微型、温和型、华丽型等多种进入效果。用户根据需要可以分别进行"更多强调效果"、"更多退出效果"、"其他动作路径"等操作。

注意

※如果需要更改动画样式，在"动画"组中重新进行选择"动画样式"即可，系统自动覆盖旧动画样式。

※可以通过"效果选项"按钮设置新动画样式的效果。

3. 添加并调节动作路径

为显示对象添加动作路径以后，可以调节路径，以更改显示对象的运动轨迹。

① 选择"中国风"图片，单击"动画"选项卡中"动画"组下拉菜单，选择"更多动作路径"。

② 打开"更多动作路径"对话框，选择"向左弹跳"，单击"确定"按钮，创建了显示对象的动作路径，如图 5-72 所示。

系统自动将路径显示出来，由箭头、虚线以及路径形状四周的 8 个位置节点组成，绿色的箭头代表起始点，红色的箭头代表结束点，如图 5-73 所示。

图 5-72　设置进入效果

图 5-73　动作路径显示

将鼠标移动到动作路径的箭头以及节点上时，可以进行拖动操作来调节动作路径，更改运动的路径；若将鼠标移动到顶端的位置节点上，拖动鼠标可以旋转动作路径；若将鼠标移动到路径线上时，拖动鼠标可以移动路径的位置。

4. 设置效果选项

为显示对象添加"进入"、"强调"、"退出"3 种效果时，还可以更改其应用的效果属性。

① 选择"晋城风景介绍"文本，该文本已经创建好"缩放"动画。

② 单击"动画"选项卡"动画"组中的"效果选项"下拉菜单，选择"放大"，如图 5-74 所示。

也可以在"动画窗格"中选中动画，右键单击选择"效果选项"，如图 5-75 所示，打开动画的"效果"以及"计时"选项，从中进行更细致的设置，如图 5-76 所示。

图 5-74 设置效果选项

图 5-75 选择效果选项

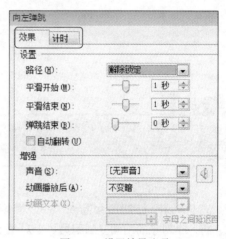
图 5-76 设置效果选项

5. 更改动画样式顺序

为显示对象添加多个动画样式后，还可以编辑这些动画样式的顺序。

① 在 PowerPoint 中选择"动画"选项卡，在"高级动画"组中选择"动画窗格"按钮，如图 5-77 所示。

② 打开"动画窗格"面板，如图 5-78 所示，选中"图片 3"动画样式，将其移动到顶端。

图 5-77 选择动画窗格

图 5-78 打开动画窗格面板

6. 更改动画触发器

在 PowerPoint 中，各种动画往往需要通过触发器来触发播放，PowerPoint 允许用户为动画选择多种触发方式。

① 在"动画窗格"面板中，在列表中选中动画。

② 单击"动画"选项卡"高级动画"组中"触发"的下拉菜单，选择触发器的类型以及触发器的目标，如图 5-79 所示。

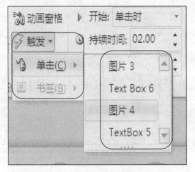

图 5-79　更改动画触发器

> **注意**
>
> 如果为演示文稿插入了音频和视频等媒体文件，并添加了书签，这些书签可以作为动画的触发器，添加到动画样式中。

7. 动画刷的使用

在 PowerPoint 2010 中新增了一个很有用的工具"动画刷"，我们可以利用它快速设置动画效果，将一个对象的动画复制到另一个对象上。

如果 A 是一个已经设置了动画效果的对象，现在我们要让 B 也拥有 A 的动画效果，可进行如下操作。

① 单击 A。

② 单击"动画"选项卡，再单击"高级动画"组中的"动画刷"按钮，如图 5-80 所示。或按 Alt+Shift+C 快捷键。

图 5-80　动画刷

此时如果把鼠标指针移入幻灯片中，指针图案的右边将多一个刷子的图案 ⌖。

③ 将鼠标指针指向 B，并单击 B。B 拥有了 A 的动画效果，同时鼠标指针右边的刷子图案会消失。

> **注意**
>
> ※如果要将动画效果复制到多个对象上，使用时双击"动画刷"即可。
>
> ※动画刷工具还可以在不同幻灯片或 PowerPoint 文档之间复制动画效果。

子任务二　幻灯片切换动画效果

切换动画是指演示文稿中幻灯片在切换时显示的动画效果，其内容包括切换方式、切换速度和是否伴有声音。

1. 添加切换效果

① 选中要设置切换效果的幻灯片，例如标题幻灯片。

② 单击"切换"选项卡，从中任意选择一种切换方式，即可将该切换方式应用到幻灯片中，如图 5-81 所示选择"百叶窗"切换效果。也可以单击"切换"方式的下拉菜单，选择更多的切换效果，如图 5-82 所示。

③ 单击切换效果右侧的"效果选项"，选择切换效果的属性，例如选择"垂直"切换，如图 5-83 所示。

④ 单击切换效果左侧的"预览"，可以查看幻灯片的切换效果。

图 5-81　添加切换效果

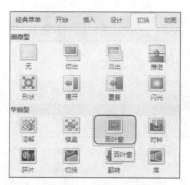

图 5-82　选择切换效果

图 5-83　切换效果属性

注意

※PowerPoint 提供的切换方案主要包括细微型、华丽型、动态内容三种。与动画样式不同，PowerPoint 只允许为一副幻灯片应用一种切换方案。

2. 设置切换动画属性

在设置幻灯片切换动画时，还可以设置切换动画的属性，包括切换的触发、切换的持续时间以及切换时播放的声音等。

① 选中设置好切换效果的幻灯片。

② 单击"切换"选项卡，在"计时"组中可以设置"声音"、"持续时间"、"换片方式"，如图 5-84 所示。如果选择"全部应用"，则会将演示文稿中所有幻灯片的切换效果设置成与该幻灯片一样的效果。

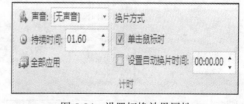

图 5-84　设置切换效果属性

任务十一　放映方式设置

制作完演示文稿之后，还需要掌握放映演示文稿的技能。PowerPoint 允许通过多种方式设置演示文稿的放映参数，以调试演示文稿在各种放映设备上的真实表现。

模块五　演示文稿制作软件 PowerPoint 2010

打开"素材"中的"语文课件",设置幻灯片放映方式。

子任务一　幻灯片放映方式

在 PowerPoint 中,用户可以通过 4 种方式放映已设计完成的演示文稿。选择"从头开始",可从演示文稿的第一幅幻灯片开始,播放演示文稿;选择"从当前幻灯片开始",则从指定的某幅幻灯片开始播放;选择"广播幻灯片",可通过 Windows Live 账户发布到互联网中,通过网页浏览器观看;选择"自定义幻灯片放映",可以建立自定义的幻灯片放映列表,选择需要的幻灯片进行播放。

下面以"自定义幻灯片放映"为例进行介绍。

① 打开范例文件"语文课件"。

② 单击"幻灯片放映"选项卡"开始放映幻灯片"组中的"自定义幻灯片放映",如图 5-85 所示。

③ 单击"自定义放映",打开"自定义放映"对话框,单击"新建"按钮,如图 5-86 所示。

图 5-85　自定义放映

图 5-86　"自定义放映"对话框

④ "定义自定义放映"对话框打开,如图 5-87 所示,按照自己需求将左侧幻灯片添加到右侧框中,自定义放映顺序。

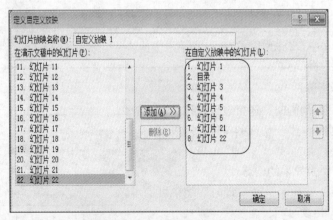

图 5-87　"定义自定义放映"对话框

子任务二　设置放映方式

① 选择"幻灯片放映"选项卡,单击"设置幻灯片放映",如图 5-88 所示。

② "设置放映方式"对话框打开,设置"放映类型"、"放映选项"、"放映幻灯片"、"换片方式等",如图 5-89 所示。

图 5-88　设置幻灯片放映

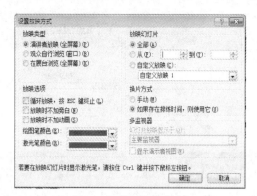

图 5-89　设置放映方式

子任务三　排练与录制

在使用 PowerPoint 播放演示文稿进行演讲时,可以通过 PowerPoint 的排练功能对演讲活动进行预先演练,指定演示文稿的播放进程。此外,用户还可以录制演示文稿的播放流程,自动控制演示文稿并添加旁白。

1．排练计时

排练计时功能用于对演示文稿的全程播放、辅助演练。

① 选择"幻灯片放映"选项卡,在"设置"组中单击"排练计时",自动转换到放映模式。

② 在放映模式中,显示"录制"面板,记录播放每张幻灯片的时间,如图 5-90 所示。

图 5-90　排练计时

2．录制幻灯片演示

除了排练计时外,还可以录制幻灯片演示,包括录制旁白录音,以及使用激光笔等工具对演示文稿中的内容进行标注。

① 选择"幻灯片放映"选项卡,在"设置"组中单击"录制幻灯片演示",选择"从头开始录制"命令,开始录制演示文稿,如图 5-91 所示。

② 弹出"录制幻灯片演示"对话框,可以根据需要选择"幻灯片和动画计时",以及"旁白和激光笔"等功能,如图 5-92 所示。

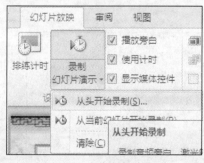

图 5-91　录制幻灯片演示

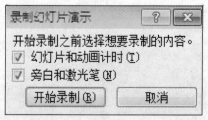

图 5-92　"录制幻灯片演示"对话框

③ 通过麦克风为演示文稿配置语音。

项目四 打印与输出演示文稿

学习目标：

1. 掌握打印演示文稿；
2. 掌握创建 PDF/XPS 文档与讲义；
3. 掌握将 PPT 打包为 CD 或者视频。

任务十二 打印演示文稿

1. 预览打印结果

在 PowerPoint 中选择"文件"选项卡，单击"打印"按钮。在对话框右侧提供了打印演示文稿的预览窗格，如图 5-93 所示。

在预览窗格下方可以设置预览幻灯片页码，还可以设置预览窗格内容的缩放比例。

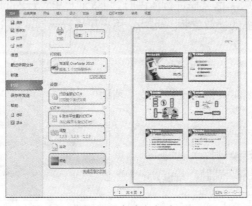

图 5-93 打印幻灯片

2. 设置打印

在预览确认打印结果之后，可以在左侧的打印窗格中设置打印的各种属性。

（1）设置打印份数；

（2）选择打印机；

（3）设置打印幻灯片；

（4）设置打印版式（如图 5-94 所示）；

（5）设置打印幻灯片颜色；

（6）编辑页眉和页脚（如图 5-95 所示）。

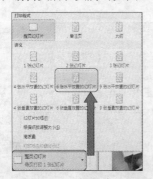

图 5-94 打印讲义

图 5-95 编辑页眉和页脚

任务十三　创建 PDF/XPS 文档与讲义

使用 PowerPoint，可以将演示文稿转换成可移植的文档格式，也可以将其内容粘贴到 Word 文档中，制作演讲讲义。

1. 创建 PDF/XPS 文档

① 单击"文件"菜单下"保存并发送"，选择"创建 PDF/XPS 文档"，单击右侧"创建 PDF/XPS"，如图 5-96 所示。

② "发布为 PDF 或 XPS"对话框打开，单击"选项"按钮，可以设置 PDF 转换属性，如图 5-97 所示。

图 5-96　创建 PDF/XPS

图 5-97　发布为 PDF/XPS 文档

2. 创建讲义

讲义是辅助演讲者进行讲演、提示演讲内容的文稿。使用 PowerPoint，可以将演示文稿中的幻灯片粘贴到 Word 文档中。

① 单击"文件"菜单下"保存并发送"，在文件类型中选择"创建讲义"，单击右侧"创建讲义"按钮，如图 5-98 所示。

② "发送到 Microsoft Word"对话框打开，设置讲义的版式和粘贴的方式，如图 5-99 所示。

图 5-98　创建讲义

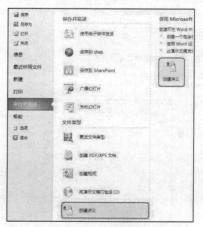

图 5-99　创建讲义

任务十四　打包为 CD 或者视频

在 PowerPoint 中，可将演示文稿打包制作为 CD 光盘上的引导程序，也可以将其转换为视频。

1. 将演示文稿打包成 CD

① 制作好演示文稿后，选择"文件"选项卡，单击"保存并发送"，选择"将演示文稿打包成 CD"，单击右侧的"打包成 CD"按钮，如图 5-100 所示。

② "打包成 CD"对话框打开，在"将 CD 命名为"栏中输入文件夹的名称或光盘的卷标，单击"添加"按钮，将所打包的内容添加进来，如图 5-101 所示。

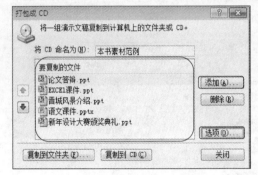

图 5-100　将演示文稿打包成 CD　　　　　　图 5-101　"打包成 CD"对话框

③ 单击"选项"按钮，打开如图 5-102 所示的对话框，设置打包的一些属性。

④ 单击"复制到文件夹"，打包后的光盘将存放到计算机磁盘中，打开"复制到文件夹"对话框，选择文件夹名称和位置，如图 5-103 所示。

⑤ 单击"复制到 CD"，打包后的内容将存放到光盘中。PowerPoint 将检查刻录机中的空白 CD，在插入正确的空白 CD 后，即可将打包的文件刻录到 CD 中。

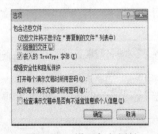

图 5-102　设置打包属性　　　　　　　　图 5-103　设置打包属性

打包好后，如图 5-104 所示，用户可以浏览光盘中的网页，查看打包后光盘自动播放的网页效果，如图 5-105 所示。

图 5-104　打包好的文件　　　　　　　　图 5-105　网页浏览打包文件

拓展学习

1. 使用控件实现多行滚动文本

在课件制作时，教师常遇到这样的情况：一方面想把字号设置很大，以便让学生看得更清楚，一方面又由于页面大小限制，不能把一个知识点或题目与解题思路整体放在同一张幻灯片上，但如果把题目和解题思路分到两张幻灯片中，讲解起来很不方便。我们可以采用在题目下用控件控制滚动文本的方法解决这个问题。

① 选择"经典菜单"→"工具"→"控件"→"文本框"，在 PPT 编辑区按住鼠标左键拖拉出一个文本框，调整位置及大小。

② 右击"文本框"，设置属性"EnterKeyBehavior"为"True"，允许使用回车键换行；"MultiLine"属性为"True"，允许输入多行文字；"ScrollBars"属性为"2-fmScrollBarsVertical"（表示垂直滚动。另外，1-fmScrollBarsHorzontal 表示水平滚动，3-fmScrollBarsBoth 表示水平滚动与垂直滚动均存在），如图 5-41 所示，这样就可以用滚动条来显示多行文字内容了。

③ 其他属性可根据需要进行设置，如 BackColor 用来设置文字框的背景颜色，TextAlign 用来设置文字对齐方式等。

④ 右击文本框，选择"文本框对象→编辑"，在文本框中输入文字，或者把所需文字从剪贴板上粘贴到文字框中。文本编辑完之后，在文本框外任意处单击左键退出编辑状态。在幻灯片放映时就可以通过拖动滚动条滑块来显示文字了，效果如图 5-107 所示。

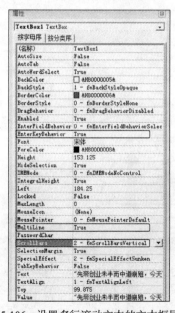

图 5-106　设置多行滚动文本的文本框属性

图 5-107　实现多行滚动文本的文本框效果

2. 单选题的制作

① 在幻灯片中插入文本框或标签，输入题目如"山西的省会城市是"。

② 利用控件工具箱插入四个单选按钮，修改每个按钮的"caption"属性为：A. 晋城　B. 太原　C. 临汾　D. 大同。

③ 双击每个单选按钮进入编程环境，程序如图 5-108 所示。

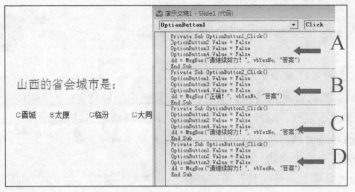

图 5-108　单选题程序

3. 填空题的制作

① 在幻灯片中插入文本框或标签，输入题目如"山西的省会城市是"。

② 利用控件工具箱插入一个文本框、一个标签和一个按钮，修改文本框的"text"属性为"空"，标签的"caption"属性为"空"，按钮的"caption"属性为"答案"。

③ 双击按钮进入编程环境。

```
Private Sub CommandButton1_Click()
If TextBox1.Text = "太原" Then
Label1.Caption = "正确"
    Else
    Label1.Caption = "错误"
    TextBox1.Text = ""
    End If
End Sub
```

效果如图 5-109 所示。

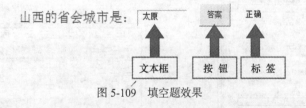

图 5-109　填空题效果

4. 多项选择题制作

在 PPT 编辑窗口中拖出一个复选框控件，按住 Ctrl 键拖动控件复制出三个，右击鼠标，在属性对话框中把名称改为"t1、t2、t3、t4"，把"Caption"项设置为"A、B、C、D"，并把它们放在各选项的前面。拖出一个命令按钮控件，在属性对话框中把"Caption"修改为"测试"，双击"测试"后输入以下代码：

```
Private Sub CommandButton1_Click()
If t1.Value=True And t2.Value=True Then
hd=MsgBox("非常正确")
Else
hd=MsgBox("错误，正确答案为 A、B")
```

EndIf

EndSub

正误消息显示、修改与前面相同。

习题五

一、选择题

1. PowerPoint 2010 的默认文件后缀名为（　　　）。

    A. ppta   B. pptx   C. ppsx   D. potx

2. PowerPoint 2010 的各种视图中，显示单个幻灯片以进行文本编辑的视图是（　　　）。

    A. 普通视图   B. 浏览视图   C. 放映视图   D. 大纲视图

3. 当我们想要为文字加上"光晕"效果时，需使用以下何种方法？（　　　）。

    A. 在"艺术字样式"群组中改变"文字效果"

    B. 在"图案样式"群组中改变"图案效果"

    C. 在"绘图"群组中使用"图案"

    D. 在"绘图"群组中使用"快速样式"

4. 选择不连续的多张幻灯片，可以借助（　　　）键。

    A. Shift   B. Ctrl   C. Tab   D. Alt

5. PowerPoint 2010 中，插入幻灯片的操作可以在（　　　）下进行。

    A. 列举的三种视图方式   B. 普通视图

    C. 幻灯片浏览视图   D. 大纲视图

6. PowerPoint 2010 中，执行了插入新幻灯片的操作，被插入的幻灯片将出现在（　　　）。

    A. 当前幻灯片之前   B. 当前幻灯片之后

    C. 最前   D. 最后

7. PowerPoint 2010 中没有的对齐方式是（　　　）。

    A. 两端对齐   B. 分散对齐   C. 右对齐   D. 向上对齐

8. 在 PowerPoint 2010 中，不属于文本占位符的是（　　　）。

    A. 标题   B. 副标题   C. 图表   D. 普通文本框

9. PowerPoint 2010 提供了多种（　　　），它包含了相应的配色方案、母版和字体样式等，可供用户快速生成风格统一的演示文稿。

    A. 版式   B. 模板   C. 母版   D. 幻灯片

10. 演示文稿中的每一张演示的单页称为（　　　），它是演示文稿的核心。

    A. 版式   B. 模板   C. 母版   D. 幻灯片

二、操作题

制作至少五张关于"我的中国梦"为主题的 PPT 幻灯片，要求如下：

1. 主题鲜明、图文结合；

2. 色彩搭配和谐，有动画，有创意；

3. 有情节，有音乐，有自定义路径动画。

模块六

Internet 应用

学习导航：

本模块分 6 个项目 19 个任务，介绍 Internet 的基础知识和基本操作，以及路由器的配置和搜索引擎的使用等。

项目一　Internet 基础知识

学习目标：

1. 了解 TCP/IP 知识；
2. 掌握网络连接的方法；
3. 掌握网络设置；
4. 了解整理备份收藏夹。

互联网（Internet），是由广域网、城域网、局域网及主机系统按照一定的通信协议连接成的国际计算机网络。即是将两台或者两台以上的计算机终端、客户端、服务端，通过介质联系起来的能互相访问的网络。有了互联网，人们可以与远在千里之外的朋友共享资源、发送邮件、共同娱乐。

互联网是全球性的信息系统。主要表现在以下三个方面。

（1）互联网通过全球唯一的网络逻辑地址在网络媒介基础之上逻辑地链接在一起。这个地址是建立在"互联网协议（IP）"基础之上的。

（2）互联网通过"传输控制协议"和"互联网协议"（TCP/IP）进行通信，如图 6-1 所示。

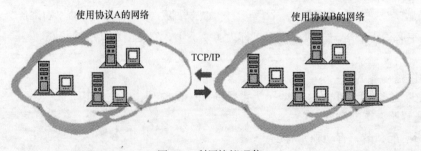

图 6-1　利用协议通信

（3）实现资源共享与数据传输。

学习互联网，我们应该熟悉并掌握以下几个专业名词与概念。

1. IP 地址

人们为了通信的方便给每一台计算机都事先分配一个类似我们日常生活中的门牌号一样的标识地址。该标识地址就是 IP 地址（Internet Protocol Address）。

互联网上的每一台计算机都被赋予一个世界上唯一的 32 位 IP 地址。

例如，某台计算机的 IP 地址为：11010010 01001001 10001100 00000010，这些数字对于大多人来说不太好记忆。为了方便记忆，就将 IP 地址的 32 位二进制分成四段，每段 8 位，中间用小数点隔开，然后将每八位二进制数转换成十进制数，这样上述计算机的 IP 地址就变成了：210.73.140.2。

一般的 IP 地址由 4 组数字组成，每组数字介于 0~255，如某一台计算机的 IP 地址可为：202.206.65.115，但不能为 202.206.259.3。

2. 域名

由于 IP 地址全是数字，为了便于记忆，互联网上引进了域名服务系统（Domain Name System，DNS）。当键入某个域名的时候，这个信息首先到达提供此域名解析的服务器上，再将此域名解析为相应网站的 IP 地址，完成这一任务的过程就称为域名解析。例如南昌电信机房域名解析服务器之一为 202.101.224.68。

域名有两种基本类型：以机构性质命名的域和以国家地区代码命名的域。常见的以机构性质命名的域，如表示商业机构的"com"，表示教育机构的"edu"等。以机构性质命名的域见表 6-1。

表 6–1 常见机构域名及含义

域　名	含　义	域　名	含　义
com	商业机构	mil	军事机构
edu	教育机构	net	网络组织
gov	政府部门	org	其他非盈利组织

以国家或地区代码命名的域，一般用两个字符表示，是为世界上每个国家和一些特殊的地区设置的，如中国为"cn"，香港为"hk"，日本为"jp"，美国为"us"等，譬如新浪的域名 www.sina.com.cn。这些域名的注册服务由多家机构承担，CNNIC 为注册机构之一。

任务一　　局域网内设置网络连接

① 打开"控制面板"，如图 6-2 所示。

图 6-2　控制面板

② 在"控制面板"中，双击"网络连接"图标，显示结果如图 6-3 所示。

图 6-3　网络连接

③ 在"网络连接"中，双击"本地连接"图标，显示结果如图 6-4 所示。

④ 单击"属性"，显示结果如图 6-5 所示。

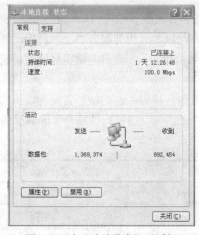

图 6-4　"本地连接状态"对话框

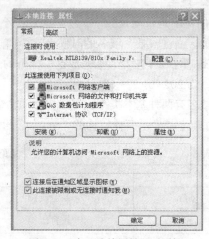

图 6-5　"本地连接属性"对话框

⑤ 双击 Internet 协议（TCP/IP）。

a. 对于有固定 IP 地址的计算机，依次添加 IP 地址、子网掩码、默认网关和 DNS，如图 6-6 所示。

b. 对于自动获取 IP 地址的计算机，选择"自动获取 IP 地址"，如图 6-7 所示。

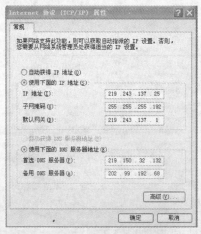

图 6-6　TCP/IP 常规设置

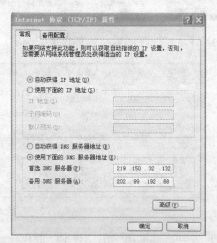

图 6-7　自动获取 IP 地址

⑥ 单击"确定"按钮，保存设置。

任务二　设置宽带连接

Windows XP 版本的用户，新安装了系统，需要上网，必须设置一下自己的宽带连接，具体操作如下。

① 右键单击桌面上"网上邻居"，选择"属性"，如图 6-8 所示。

② 单击左侧"网络任务"下面的"创建一个新的连接"，如图 6-9 所示。

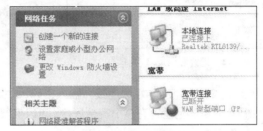

图 6-8　网上邻居属性设置　　　　　　　　　图 6-9　网络连接

③ 弹出"新建连接向导"的第一个界面，单击"下一步"按钮，如图 6-10 所示。

④ 选择"连接到 Internet"，单击"下一步"按钮，如图 6-11 所示。

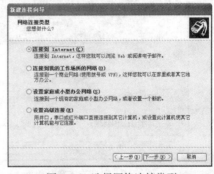

图 6-10　新建连接向导　　　　　　　　　　　图 6-11　选择网络连接类型

⑤ 选择"手动设置我的连接"，单击"下一步"按钮，如图 6-12 所示。

⑥ ISP 名称可以任意填写，便于记忆，如图 6-13 所示。

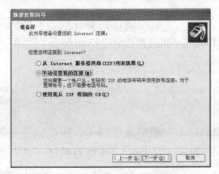

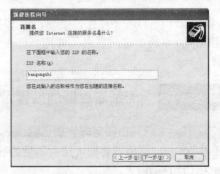

图 6-12　连接 Internet 方式选择　　　　　　　图 6-13　设置 ISP 名称

⑦ 单击"下一步"按钮，输入用户名与密码，密码需要再次确认，如图6-14所示，单击"下一步"按钮。

⑧ 选中"在我桌面上添加一个到此连接的快捷方式"，单击"完成"按钮，如图6-15所示。

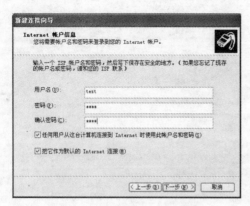

图 6-14　设置 Internet 账户信息

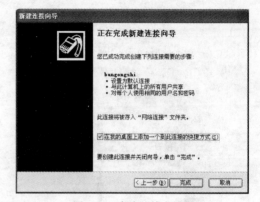

图 6-15　完成连接向导配置

⑨ 双击桌面上已经建立好的连接，输入密码，如图6-16所示。

⑩ 如果您的机器上设置有多个宽带连接，可以保留一下默认的，如图6-17所示，其他删除掉。

图 6-16　宽带连接登录界面

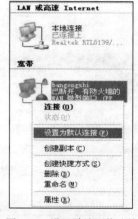

图 6-17　设置默认网络连接

项目二　设置无线路由器

随着通信工具的多样化，电脑、笔记本电脑、掌上电脑、手机可能都需要在同一时间同一地域连接到互联网。这时就必须要用到路由器，目前公共领域都安装了无线路由装置以方便人们上网。

任务三　无线路由器的设置

① 接通无线路由器电源，插上网线，进线插入 wan 口（一般是蓝色口），跟电脑连接的网线插入 lan 口。在浏览器输入路由器后面显示的地址，一般是 192.168.1.1（也有些牌子的路由器地址为 192.168.0.1）。

② 进入连接界面,输入相应的用户名和密码,一般默认的用户名和密码都是 admin,如图 6-18 所示。

③ 单击"确定"按钮后进入操作界面,你会在左边看到一个"设置向导",单击进入,如图 6-19 所示。初次进入界面,"设置向导"界面会自动弹出来。

图 6-18　登录路由器

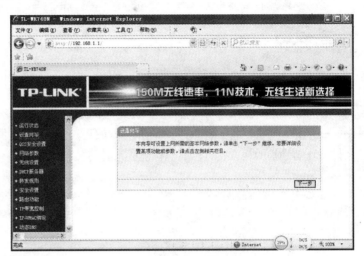

图 6-19　路由器设置向导

④ 进入"设置向导"界面后,单击"下一步"按钮,进入上网方式设置,我们可以看到有三种上网方式的选择。如果是拨号上网的话,那么就用 PPPoE。动态 IP 一般是计算机直接插上网络就可以用,上层有 DHCP 服务器的。静态 IP 一般是专线专用,也可以是小区宽带等,上层没有 DHCP 服务器的,或想要固定 IP 的。下面以 PPPoE 为例设置无线路由器,如图 6-20 所示。

⑤ 选择 PPPoE 拨号上网,在"设置向导"界面输入上网账号和上网口令,就是开通宽带时的用户名和密码,如图 6-21 所示。

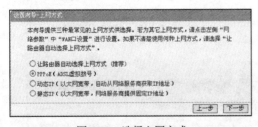

图 6-20　选择上网方式

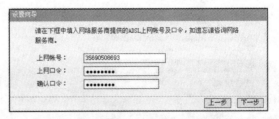

图 6-21　输入上网账号及口令

⑥ 单击"下一步"按钮,进入到无线设置,我们可以看到"信道"、"模式"、"安全选项"、"SSID"等。一般地,SSID 就是一个名字,可以任意填。模式大多用 11bgn.无线安全选项,如图 6-22 所示,我们要选择 WPA-PSK/WPA2-PSK。这样安全,免得轻易让他人进入自己的网络。

⑦ 单击"下一步"按钮,再单击"完成"按钮,路由器会自动重启,这时候请耐心等待。设置成功后退出设置,即可通过网线、无线终端,如笔

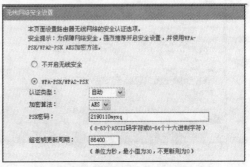

图 6-22　设置无疑路由器安全连接密码

记本电脑、平板电脑、智能手机等，登录路由器连接互联网。

项目三　备份导出收藏夹

备份、恢复收藏夹通常有两种方式：手工操作和 IE 导出导入。

任务四　手工备份收藏夹操作

Windows 9X 操作系统的收藏夹位于 C:\Documents and Settings\用户名\Favorites 的文件夹，上面有个星号，看上去很醒目，如图 6-23 所示。

Windows XP 操作系统的收藏夹位于 C:\Documents and Settings\username 文件夹下，也叫做 Favorite，这个文件夹整个就是一个星形图标，如图 6-24 所示，更加容易辨认。只需要将这个 Favorite 文件夹复制到别的地方就可以实现备份，将备份文件夹复制回原来的目录即可实现恢复。

图 6-23　资源管理器

图 6-24　收藏夹

任务五　IE 导出导入收藏夹

（1）打开 IE，单击"文件"菜单，选择"导入和导出"项，如图 6-25 所示。弹出"导入/导出向导"对话框，如图 6-26 所示，单击"下一步"按钮。

图 6-25　收藏夹

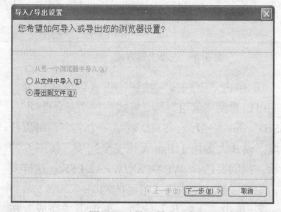

图 6-26　导入导出选择

（2）选择导出"收藏夹"选项，单击"下一步"按钮，如图 6-27 所示。

（3）选择收藏夹所在文件夹，然后单击"下一步"按钮，如图 6-28 所示。

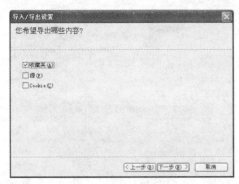

图 6-27　选择导出内容

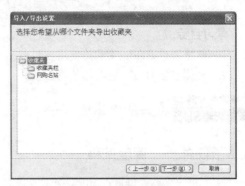

图 6-28　选择导出部分

（4）选择备份文件的保存目录和名字，如图 6-29 所示，单击"导出"按钮。

（5）向导提示导出即将完成。单击"完成"按钮退出向导，如图 6-30 所示。

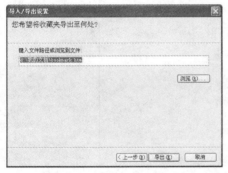

图 6-29　设置导出文件

图 6-30　完成导出任务

导出收藏夹的结果是一个 html 文件，默认文件名为 bookmark.htm，文件小，易于保存与传送，双击文件可打开，如图 6-31 所示。此文件可以作为大家资料搜集与交流的工具。

图 6-31　收藏夹导出文件内容

导入和导出的操作类似，选择"导入收藏夹"选项，单击"下一步"按钮，然后选择要导入的备份文件，单击"下一步"按钮，然后根据提示进行操作。

项目四 搜索引擎的应用

学习目标：

1. 熟练掌握 Baidu 搜索的使用；
2. 熟练掌握 Baidu 地图的使用；

任务六　百度搜索的使用

子任务一　百度百科

打开 http://www.baidu.com/，搜索专业名词如"云计算"，如图 6-32 所示，可进入百度搜索世界。也可直接输入 http://baike.baidu.com/ 打开百度百科，再输入相关内容，对专业名词、术语，进行搜索，如图 6-33 所示。

图 6-32　百度搜索引擎

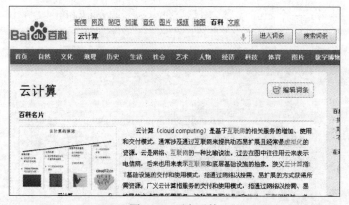

图 6-33　百度百科

百度百科是百度为网友提供的信息存储空间，是一部内容开放、自由的网络百科全书。

百度百科本着平等、协作、分享、自由的互联网精神，提倡网络面前人人平等，所有人协作编写百科全书，让知识在一定的技术规则和文化脉络下得以不断组合和拓展。百度百科为用户提供一个创造性的网络平台，强调用户的参与和奉献精神，充分调动互联网所有用户的力量，汇聚上亿用户的头脑智慧，积极进行交流和分享，同时实现与搜索引擎的完美结合，从不同的层次上满足用户对信息的需求。

我们可以在百度百科查找感兴趣的定义性信息，创建符合规则、尚没有收录的内容，或对已有词条进行有益的补充完善。我们为百科做的贡献都将拥有完整的记录，百科将在大家的帮助下变得更加完善。

子任务二 计算机故障信息求救

我们可利用百度搜索寻求计算机故障排除方法。例如，我们经常在使用 Word 时会碰到如下故障。在处理一个 Word 文档时出错，如图 6-34 所示，重新启动 Word 出现如图 6-35 所示错误提示。

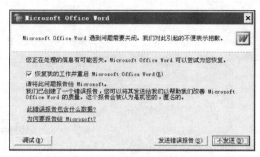

图 6-34　Word 故障错误提示信息

图 6-35　Word 故障错误提示内容

"Word 上次启动时失败。以安全模式启动 Word 将帮助您纠正或发现启动中的问题，以便下一次成功启动应用程序。但是在这种模式下，一些功能将被禁用。"

如果选择"安全模式"启动 Word，就只能启动安全模式，无法正常启动。以后打开 Word 时，重复出现上述的错误提示，只能选择"安全模式"启动，无法正常启动。即使删除 Office，重新安装，还是没有办法解决。此时可根据错误提示内容上网进行搜索，如图 6-36 所示，打开搜索结果，找到问题症结所在，并根据经验合理处置，最终选择正确方法排除故障，如图 6-37 所示。

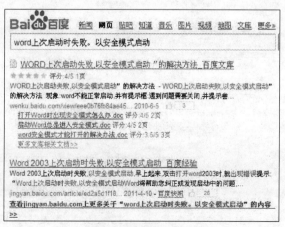

图 6-36　搜索相关内容

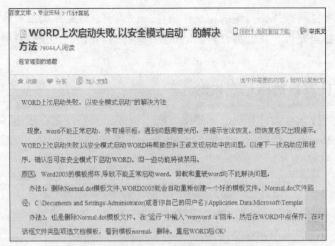

图 6-37　百度文库的解决方案

通过网上综合查找，了解该故障是因为 Word 的模版文件损坏，要想解决可将 Word 模版文件删除，随后启动 Word 时，系统会自动生成一个新的模版文件，故障得以排除。

子任务三　关键字搜索

简单地说，关键字就是用户在使用搜索引擎时输入的、能够最大程度概括用户所要查找的信息内容的字或者词，是信息的概括化和集中化。搜索引擎优化（SEO）谈到的关键字，往往是指网页的核心和主要内容。对于搜索引擎来说，网页的主要内容都可以归结出一个或多个关键字。比如我们要搜索教育部领导关于职业教育的讲话，可以用关键字"教育部"、"职业教育"、"讲话"来确定搜索内容，如图 6-38 所示。

单击相关搜索结果，可以看到详尽的文章内容，如图 6-39 所示。

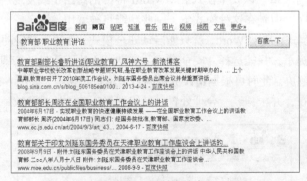

图 6-38　关键字搜索

图 6-39　搜索文档内容

子任务四　在某网站内部进行搜索

一般来讲，一些大的官网都会在首页设置站内搜索引擎，如图 6-40 所示。但也有很多网站缺乏这样的设置，因此在某网站内部进行相关资料搜索变得比较困难，但百度搜索为大家提供了这样的服务，方法是输入"搜索关键字+空格+site:+网址"，如图 6-41 所示。

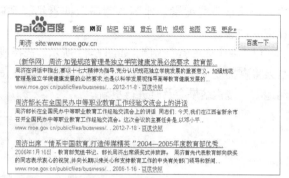

图 6-40　教育部官网　　　　　　　　图 6-41　百度网站站内搜索方式

任务七　百度地图的使用

百度地图为大家出门前搜索地址，查询具体的乘车路线，提供了很大方便，随着 3D 实景、房产搜索、交通流量、打车估费等新功能的加入，百度地图越来越受到大家的亲睐。

子任务一　普通搜索

在搜索框为搜索状态下，输入您要查询地点的名称或地址，单击"百度一下"，即可得到您想要的结果。例如，在北京搜索"鸟巢（即国家体育馆）"后，右侧为地图，显示搜索结果所处的地理位置，如图 6-42 所示；左侧为搜索结果，包含名称、地址、电话等信息，每页最多显示 10 条结果。地图上的标记点为相应结果对应的地点，单击右侧结果或地图上的标注均能弹出气泡，气泡内能够发起进一步操作：公交搜索、驾车搜索和周边搜索。

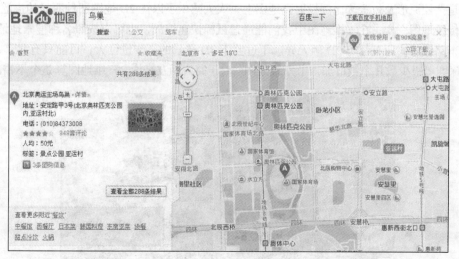

图 6-42　百度地图

子任务二　周边搜索

今天准备去逛商场，要查看居住地附近都有哪些商场与超市？附近哪有取款机？可使用查找周边，也可使用视野内搜索。单击"查找周边"，在弹出的气泡中，选择"在附近找"，单击或输入您要查找的内容即可看到结果。我们还可以在地图上单击鼠标，选择"在此点附近找"快速地发起搜索。地图右侧显示搜索结果和距离。我们可以在结果页更换距离或更改要查询的内容。

以"视野内搜索"为例，如图 6-43 所示。选择或输入您要查找的内容，在当前的屏幕范围内，结果将直接展现在地图上。单击图标将打开气泡，显示更为丰富的信息。并且，随着我们缩放移动地图，搜索结果会及时进行更新。

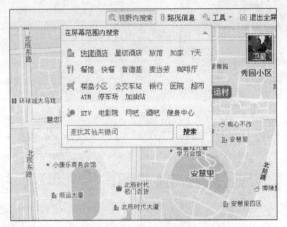

图 6-43　范围内搜索

子任务三　三维地图

新版百度地图中，个别城市新增了一个"三维"按钮。单击后会呈现一个全 3D 版的"虚拟城市"，如图 6-44 所示。在这个"城市"中，你会发现有熟悉的建筑、景观、街道、绿地，所有景物都是按照原形及位置按比例投射到地图上，大大减少了以往 2D 地图那种明显的生涩感。

和传统地图一样，在三维地图中我们能通过鼠标快速缩放，也可以按照名称搜索地址、快速查询乘车路线等，所有都与 2D 版无异。不过鉴于 3D 造景的工作量巨大，目前只有北京、上海、广州、深圳等极少数几个城市加入了三维地图。对于路盲网友来说，三维地图算是个不错的工具。

图 6-44　百度三维地图

子任务四　地图测距

使用地图时如果知道两地之间的距离是多少，可以方便估算旅途所需时间。百度地图就完全满足了这方面的需求，它能准确地测量地图上任意两地之间的距离。具体步骤如下。

① 用鼠标单击图 6-45 右上方的"工具"按钮。在出现的下拉菜单中，单击"测距"选项。

② 在本例中我们测的是"安立桥"和"金泉广场"之间的距离。用鼠标单击图 6-46 所示"安立桥"所处的位置，然后鼠标一直往右移动，按照你想走的路线依次在地图上单击，在终点"金泉广场"的位置单击，在终点"金泉广场"的位置上双击鼠标，两地之间的距离测量就完毕了。从图 6-46 所示红框中的提示可以看出，两地之间总长度为 1.5 公里。

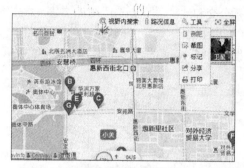

图 6-45　两地测距

图 6-46　测距

百度地图不仅能测量一个城市中两地之间的距离，还能测量城市和城市之间、省份和省份之间的距离。

因为百度地图上目前还没有国外的详细地图，所以想测国内和国外之间的距离，使用百度地图是不能完成的。

子任务五　自驾行程规划

百度自驾行程规划不仅适用于同一城市，对于省际旅游也特别方便。以晋城到北京为例，在"驾车"标签下输入了"晋城"与"北京"两个名称，击打回车键后一个跨省驾车路线便迅速弹了出来。和市内规划一样，跨省路线也是分为"最小时间"、"最短路程"、"不走高速"三种选择的，如图 6-47 所示。而且无论哪种驾车方案，市内线路都是自动隐藏，只有单击才能将其展开显示，既提高了线路条理性，也不会对读取带来多少麻烦。

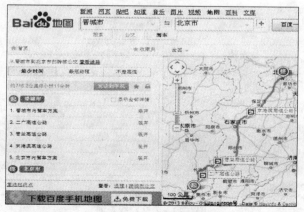

图 6-47　自驾行程规划

此外，百度地图允许用户通过手工修改方案。比如当我们需要临时经过天津市区时，就可以直接用鼠标将线路图拖曳到想经过的途径点，松手之后，百度地图将自动重新规划整条线路并修改驾车方案，整个操作非常方便。

子任务六　公交查询

百度地图提供了公交方案查询，公交线路查询和地铁专题图三种途径，满足我们生活中的公交出行需求。

公交方案查询：在"搜索"框中直接输入"从哪到哪"，或者选择"公交"，并在输入框中输入起点和终点；我们还可通过气泡或鼠标右键发起查询。

左侧文字区域会显示精确计算出的公交方案，包括公交和地铁。最多显示 10 条方案，单击方案将展开，我们可查看详细描述。下方有"较快捷"、"少换乘"和"少步行"三种策略供选择。右侧地图标明方案具体的路线，其中绿色的线条表示步行路线，蓝色为公交路线，如图 6-48 所示。

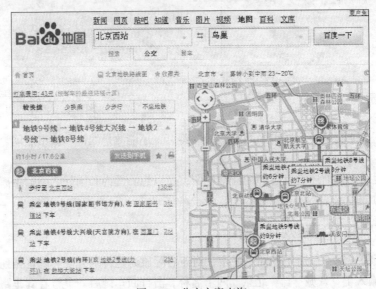

图 6-48　公交方案查询

公交线路查询：在"搜索"框中或"公交"线路查询页输入公交线路的名称，如图 6-49 所示，就能看到对应的公交线路。

图 6-49　公交路线查询

左侧文字区域显示该条线路所有途经的车站，以及运营时间、票价等信息。右侧地图则将该条线路在地图上完整地描绘出来。

子任务七　交通流量查询

平时开车难免会遭遇交通堵塞，如何才能提前获知堵塞信息从而避开堵塞呢？我们可以打开收音机，随时收听电台里的路况通报，但更简单的方法是直接点击百度地图中的"路况信息"按钮，如图 6-50 所示。

图 6-50　百度交通流量指示

简单来说，这项功能就是将交管局发布的流量信息，以图标形式标注在地图上。根据拥塞程度分成三级，其中红色代表"拥挤"，橙色代表"缓行"，绿色代表"畅通"。这个信息每隔几分钟自动更新一次，我们只要打开网页便能获取到最新的路况信息，根本无需用户参与。

除了实时流量外，百度地图还有一个优点就是可以进行流量预测。当然这个预测可不是瞎测，而是根据之前的流量记录推算而来（比如周五下班时间肯定比周六下班时间更拥堵）。虽然这项功能带有一定的偶然性，但用来帮助制订未来某天的出行安排还是很实用的。

任务八　百度视听的使用

1. 百度图片

百度图片搜索引擎是世界上最大的中文图片搜索引擎,百度从 8 亿中文网页中提取各类图片，建立了世界第一的中文图片库。截止 2004 年底，百度图片搜索引擎可检索图片超过 7 千万张，如图 6-51 所示。百度新闻图片搜索从中文新闻网页中实时提取新闻图片，它具有新闻性、实时性、更新快等特点。百度图片的网址为：http://image.baidu.com/。

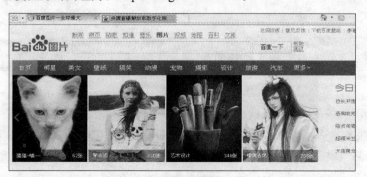

图 6-51　百度图片

2. 百度音乐

百度音乐是中国第一音乐门户，为网友们提供了海量正版高品质音乐，以及最权威的音乐榜单、最快的新歌速递、最契合大家的主题电台、最人性化的歌曲搜索，使网友能更快地找到喜爱的音乐，享受全新的音乐体验，如图 6-52、图 6-53 和图 6-54 所示。

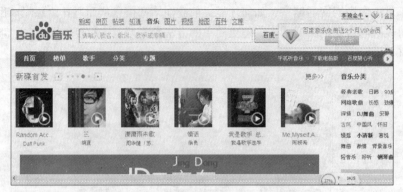

图 6-52　百度音乐

图 6-53　百度音乐选取

图 6-54　百度音乐播放

百度已与中国音乐著作权协会达成一致，通过"百度听"下载的每一首音乐，百度都将向后者支付费用。词曲权利人将可以通过中国音乐著作权协会这个主渠道，获得相关著作权收益。"百度听"将通过广告赞助获得营利。百度还与主要的国际唱片公司商讨类似合作事宜，如索尼音乐娱乐、环球音乐和华纳音乐等。百度音乐的网址为：http://music.baidu.com/。

3. 百度视频

百度视频是百度汇集互联网众多在线视频播放资源而建立的庞大视频库。百度视频搜索拥有最多的中文视频资源，提供用户最完美的观看体验。快速播放高清画质的各类视频，提供最快、最全、最新、无广告的视觉享受，如图 6-55、图 6-56 和图 6-57 所示。百度视频的网址为：http://video.baidu.com/。

图 6-55　百度视频

图 6-56　百度视频播放

图 6-57　相关视频展示

任务九　其他搜索引擎的使用

子任务一　Google

它是纯技术型的全文检索搜索引擎，其界面如图 6-58 所示。Google 依据网络自身结构，清理混沌信息，缜密组织资源。Google 的搜索服务绝不仅仅是提供简单的信息目录。Google 目录中收录了 10 亿多个网址，这在同类搜索引擎中是首屈一指的，这些网站的内容涉猎广泛。与大多数其他搜索引擎的区别在于，Google 只显示相关的网页，其正文或指向它的链接包含您所输入的所有关键词，无须再受其他无关结果的烦扰。Google 不仅能搜索出包含所有关键词的结果，并且还对网页关键词的接近度进行分析。另外，Google 按照关键词的接近度确定搜索结果的先后次序，优先考虑关键词较为接近的结果，这样可以节省时间，而无须在无关的结果中徘徊。Google 最擅长为常见查询找出最准确的搜索结果。

图 6-58 谷歌搜索引擎

子任务二 网易

它是分类目录型门户网站。相对于其他搜索引擎而言，网易搜索有其独特之处，其界面如图 6-59 所示。首先，网易搜索引擎提供多语种语言检索，英语、日语、俄语等几十种语言关键词都可以直接输入搜索框检索网页资料，而不仅仅是单语种的搜索。其次，网易拥有全国最大的开放式管理目录，有约 5000 名各行业目录管理员负责管理网站注册信息。相关网站里汇集了大量精选网站（约 25 万），相关网页的信息量最大（约 16 亿 1 千万网页）。网易采用的搜索原理是模糊的搜索方式——对用户输入的关键词，先作语言分析，分解成多个词或词组，再去数据中心匹配结果。因此用户可以输入一整段句子，而可能得到包含了这段话中部分词语的结果，这样得到的结果更丰富。网易搜索引擎按搜索结果和用户输入的搜索词的关联程度排列结果，用户的关键词出现越多的结果排得越靠前；在相关度排序的同时，越知名的站点排得越靠前。

图 6-59 网易搜索引擎

子任务三 搜狗

搜狗是搜狐公司旗下的子公司，于 2004 年 8 月 3 日推出，目的是增强搜狐网的搜索技能，主要经营搜狐公司的搜索业务。搜狗也是分类目录型门户网站，其界面如图 6-60 所示，主要依赖浏览器加导航为其导入搜索流量。它的特点是信息的分类比较好，特别适合我们按照其分类表进行浏览查找，使用关键词进行查找的效果就不太理想了。在推出搜索业务的同时，搜狗也推出了搜狗输入法、免费邮箱、企业邮箱等业务。值得一提的是，搜狗是业内做输入法成功的典范。2010 年 8 月 9 日搜狐与阿里巴巴宣布将分拆搜狗成立独立公司，引入战略投资，注资后的搜狗有望成为仅次于百度的中文搜索工具。

图 6-60　搜狗搜索引擎

各公司搜索引擎各有特点与长处。我们要擅用各种搜索引擎，在浩瀚网海中找到我们想要的数据和信息。表 6-2 罗列了常用中文搜索引擎。

表 6-2　　　　　　　　　　　　常见中文搜索引擎

搜索引擎	网　址	公　司
百度搜索	http://www.baidu.com/	百度公司
谷歌搜索	http://www.google.cn/	谷歌公司
搜狗搜索	http://www.sogou.com/	搜狐公司
有道搜索	http://www.youdao.com/	网易公司
必应搜索	http://cn.bing.com/	微软公司
即刻搜索	http://www.jike.com/	人民搜索网络股份公司

项目五　电子邮件的应用

学习目标：

1. 掌握电子邮箱的申请与注册；
2. 熟练掌握收发电子邮件；
3. 了解 Outlook 的使用；
4. 了解网盘的使用。

任务十　申请电子邮箱

网易自 1997 年推出电子邮箱服务以来，市场占有率一直居全国前列，目前其注册用户已超过 5 亿，下面我们就以申请 163 电子邮箱为例，获取一个大容量免费邮箱。只要进入网易网站，免费注册一个网易通行证，即可获得一个 2G 的免费邮箱，即时激活邮箱就能使用了。具体步骤如下。

① 连接上网并打开浏览器，在浏览器地址栏输入 http://www.163.com 打开网易主页窗口，如图 6-61 所示。

图 6-61　网易主页

② 在网易网站右上角单击"注册免费邮箱"即可打开新的窗口，如图 6-62 所示。在"邮件地址"处输入自己想要的账号，若账号已被占用则会有系统提示，若无重复账号，系统会提示"恭喜，该邮件地址可注册"，然后输入密码，密码要由字母、数字及符号构成，系统会对密码进行评估，显示密码强度供参考。设置完毕后输入验证码，单击"下一步"按钮，进入注册页面，如图 6-63 所示。

③ 输入手机号码，单击"免费获取短信验证码"，稍后可收到网易短信验证码，输入验证码，单击"提交"。

图 6-62　网易邮箱注册界面

图 6-63　提交注册信息

免费邮箱注册成功如图 6-64 所示。该邮箱拥有 2G 容量，登录网易网站进入免费邮箱主页，显示结果如图 6-65 所示，就可以正常地进行邮件收发等业务了。

图 6-64　邮箱注册成功

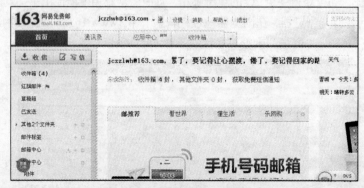

图 6-65　进入网易电子邮箱

邮箱注册成功后,也可用 Windows 系统自带的电子邮件客户端软件 Outlook 进行收/发电子邮箱,但设置 Outlook 账户还需要了解发信和收信服务器设置。

任务十一　　收发电子邮件

① 登录邮箱账户,单击"写信",在"收件人"文本框中输入收件人的邮箱地址,输入邮件的主题,在页面中将信函内容写好,需要传送文件的单击"添加附件",如图 6-66 所示。

图 6-66　撰写电子邮件

② 检查无误后单击"发送",完成邮件发送任务。收件人登录自己的邮箱,则可看到一封主题为"国赛报名资料"的邮件,图上的回形针表示此邮件中含有附件,如图 6-67 所示。收件人可以浏览邮件内容,并下载附件,完成邮件的接收阅读等如图 6-68 所示。

图 6-67　接收电子邮件

图 6-68　浏览电子邮件

任务十二　　应用 Outlook 设置收发电子邮件

Office Outlook 是 Microsoft Office 套装软件的组件之一,它对 Windows 自带的 Outlook Express 的功能进行了扩充。Outlook 的功能很多,可以收发电子邮件、管理联系人信息、记日记、安排日程、分配任务等。

① 在"开始"菜单→"程序"→"Office"中找到"Outlook 2010",双击打开它,界面如图 6-69 所示。

② 初次使用 Outlook,会打开启动向导,用以配置用户账户,界面如图 6-70 所示,单击"下一步"按钮。

图 6-69　Outlook 界面

图 6-70　Outlook 启动向导

③ 弹出界面,询问是否配置邮件账户,在单选框内选择"是",单击"下一步"按钮,如图 6-71 所示。

④ 在"添加新账户"窗口中输入你的姓名,便于区分不同账户,如图 6-72 所示。然后,在文本框中输入正确的电子邮件地址和密码,单击"下一步"按钮继续。

图 6-71　配置邮件账户

图 6-72　设置邮件账户信息

如图 6-73 所示,Outlook 2010 会打开建立新账户窗口,并自动联机搜索设置服务器。一切完成后,邮箱完成配置。

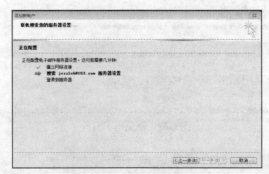

图 6-73　完成邮箱配置

⑤ 进入 Outlook 2010 邮箱,界面如图 6-74 所示。撰写信函、收发邮件与 Web 邮箱区别不大,如图 6-75 所示。

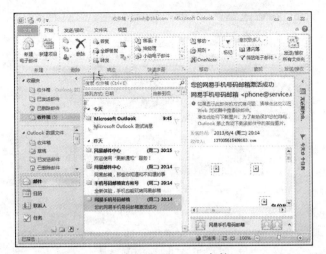

图 6-74　进入 Outlook 邮箱

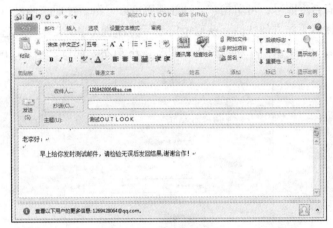

图 6-75　撰写电子邮件

任务十三　网盘的使用（以百度网盘为例）

　　网盘，又称网络 U 盘、网络硬盘，是由网络公司推出的在线存储服务。向用户提供文件的存储、访问、备份、共享等文件管理功能，用户可以把网盘看成一个放在网络上的硬盘或 U 盘，不管你是在家中、单位或其他任何地方，只要你连接到因特网，你就可以管理、编辑网盘里的文件。网盘不需要随身携带，更不怕丢失。

　　以百度网盘为例。在百度首页，选"更多"，在网页"移动服务"中，找到百度网盘，如图 6-76 所示，或者直接输入网址 http://pan.baidu.com/，即可进入百度网盘登录页面，如图 6-77 所示。

图 6-76　百度网盘

图 6-77　百度网盘手机登录

　　若你还没有拥有百度账号，可单击"立即注册百度账号"。注册有两种方式，邮箱注册与手机号注册。手机号注册更加方便快捷，获取短信激活码后输入相应文本框，选取"我已阅读并接受《百度用户协议》"，单击"注册"按钮，如图 6-78 所示，即可完成百度网盘注册。

图 6-78　手机注册百度网盘账户

　　注册成功后返回登录页面，输入账号和密码就可以使用百度网盘了。百度网盘操作与操作本地电脑一样。但网盘优点是只要能连接互联网，就能够随时随地存取文件，如图 6-79 所示。

图 6-79　进入百度网盘

项目六　常见网络应用

学习目标：

1. 了解淘宝网购物流程；
2. 熟练 QQ 聊天工具的使用；
3. 掌握远程操作及远程协助；
4. 掌握网络 360 软件的使用；
5. 了解网络游戏平台。

任务十四　淘宝网购物

淘宝网购物流程的基本步骤共有五个：（1）注册；（2）搜索宝贝；（3）拍下宝贝（就是确定要购买了）；（4）付款；（5）收货和评价。

子任务一　注册淘宝网账户

在淘宝网首页的顶部，可以看到一个免费注册的链接，单击"注册"。选择注册方式，比较多的是用邮箱注册，不过随着 3G 时代的到来，用手机注册的用户也会越来越多。

填写注册信息后，单击"同意协议并注册"按钮提交即可，如图 6-80 所示。

提交之后，根据要求，填写手机号码，如图 6-81 所示。选取"同意支付宝协议并开通支付宝服务"，单击"提交"，系统将发送验证码到手机，收到后输入验证码填写框提交。若出现图 6-82 所示的页面，也就完成了淘宝用户注册，可以开始尽情网购了。

图 6-80　淘宝网账户注册

图 6-81　提交注册信息

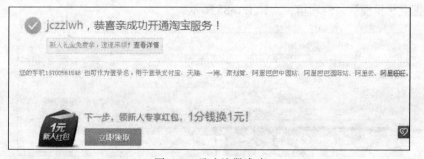

图 6-82　账户注册成功

子任务二　网上搜索宝贝

淘宝网上有几十万种商品，让人眼花缭乱，如何快速找到想要的东西，就需要搜索宝贝。

进入淘宝网首页，很容易能找到一个搜索框，如图 6-83 所示。这就是功能强大的淘宝网搜索框，它能帮助我们很容易找到想要买的东西，或者进入"淘宝网购物搜索首页"，也是一样的。若要完成购物还需进行用户登录。

图 6-83　淘宝网

我们以一个整理箱的网购来说明搜索商品的过程。

① 打开淘宝网，用注册的用户登录名和密码登录，如图 6-84 所示。

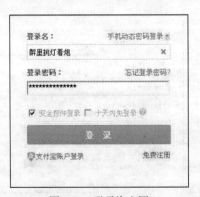

图 6-84　登录淘宝网

② 在搜索栏里搜索"整理箱"，如图 6-85 所示。

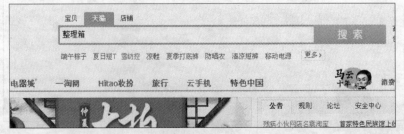

图 6-85　搜索宝贝

③ 从搜索的结果中查找自己想要的商品，如图 6-86 所示。

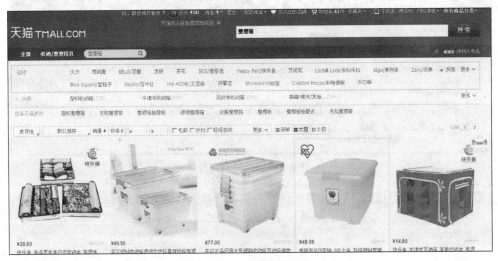

图 6-86　查看搜索结果

④ 双击看中的商品，可以打开商品详细页面，了解商品详细信息及图片，如图 6-87 所示。

图 6-87　搜索宝贝详细信息

子任务三　拍下心爱宝贝

搜到宝贝之后，我们可以进入查看宝贝的详细页面，这里有商品介绍等信息，也可以和网店老板交谈，讨价还价。如果我们看上了某个商品，有两种选择：一是直接购买；二是先放在购物车里，然后去看其他商品，等我们要买的所有商品都放到购物车之后，一起结算。这有点像超市买东西。

下面我们采用立即购买的方式完成购物流程。网上购物一般都是通过物流快递来送达的，所以这个页面是我们要填的一些订单信息，包括地址、电话、收货人等信息。资深网购者平常已在淘宝留下了若干收货地址及收件人，如自己的父母，朋友等可以选择一个地址，如图 6-88 所示。

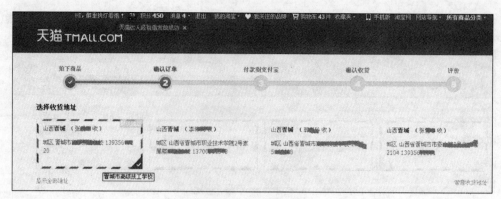

图 6-88　选择收货地址

选取后提交，确定付款，核对信息无误后，提交订单，如图 6-89 所示。

图 6-89　提交订单

子任务四　支付货款

选购好物品之后，接下来就要支付货款。淘宝网购物首页提供了多种方式去支付购买东西的货款，包括支付宝余额支付、网上银行支付、支付宝卡通、网点付款等。以上支付方式中，最常用的就是支付宝支付，因为它的安全性比较高。

进入"支付宝收银台"，界面如图 6-90 所示。支付方式有四种：储蓄卡、信用卡、现金或刷卡，以及消费卡。我们通常选择"储蓄卡"，选择自己网银的银行，再次确认交易金额，然后选择"证书客户支付"或"网上 K 码支付"。我们选择后者，因为我们不可能随时带着网银的 K 宝，也不会在所有使用的计算机上都下载安装证书，因此我们首选快捷支付方式，如图 6-91 所示。网上 K 码支付只用输入自己的储蓄卡号及绑定的手机尾数 4 位号码即可，如图 6-92 所示。单击"下一步"后与账户关联的手机会收到一个 6 位数的验证码，提示界面如图 6-93 所示。将验证码输入文本框中，单击"确定"按钮，即可完成支付。

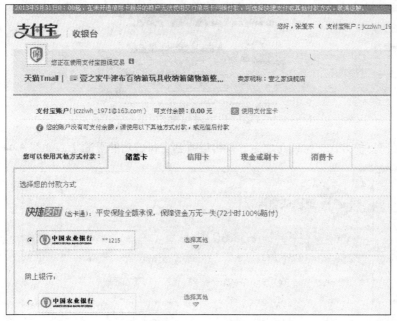

图 6-90　选择支付银行

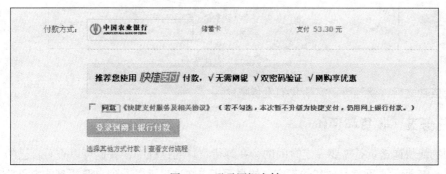

图 6-91　登录网银支付

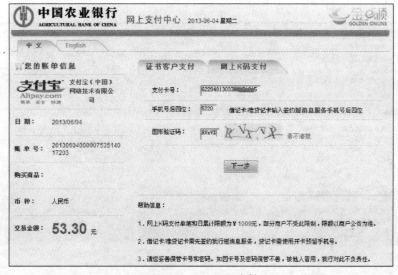

图 6-92　网上 K 码支付

图 6-93　验证码提示信息

用以上任何一种方式支付成功之后，就可以看到支付成功的页面了，如图 6-94 所示。

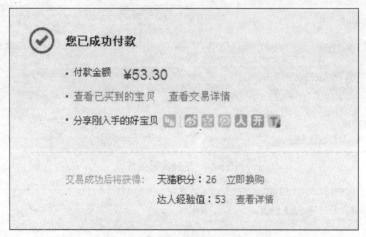

图 6-94　完成支付

支付成功之后，就等待卖家给我们发货吧。

子任务五　收货和评价

因为物流快递送货是需要一定时间的，在等待收货的过程中，我们可以查看自己的"我的淘宝"。图 6-95 所示页面就是"我的淘宝"的页面了，在这里可以看到自己买到的宝贝信息、购物车信息、收藏等。

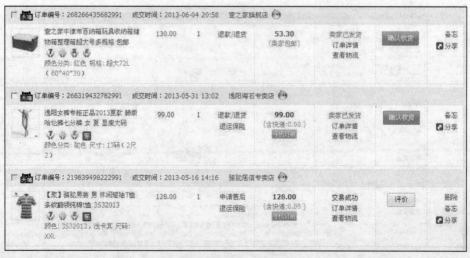

图 6-95　查看订单信息

如果在若干天之后（快递一般是两三天）我们收到了所购买的东西，并且确认没什么问题，就可以在"我的淘宝"的"最近买到的宝贝"列表里单击"确认"收货，通知支付宝把钱打到卖家帐上。如果一直没收到货或收到的东西有问题，可以通过阿里旺旺联系卖家，协商解决，不用急着单击"确认"收货。

　　确认收货之后就会转到支付宝付款的页面了，输入支付宝密码就可以把钱付给卖家了，如图6-96所示。

　　付款之后，我们的淘宝购物流程还没剩最后一个步骤，即对卖家的评价，如图6-97所示。同样，卖家也会给我们一个评价。

图 6-96　收货确认后支付宝支付货款

图 6-97　评价交易

单击"立即评价"按钮，进入评价界面，如图6-98所示。

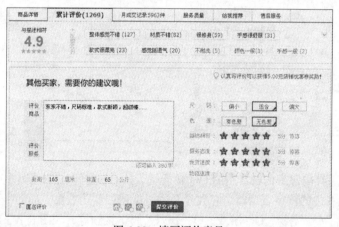

图 6-98　填写评价意见

提交评价后，你的意见就会出现在评价区，如图6-99所示。

图 6-99　评价信息显示

任务十五 　 QQ 聊天工具的使用

子任务一　 QQ 菜单及工具栏

无论是在 QQ 的登录状态还是运行状态下，在任务栏的 QQ 企鹅图标上单击右键，将出现 QQ 的系统菜单，如图 6-100 所示，我们可以使用各种功能，如对自己的信息，头像等进行更改，数据的导出导入，以及登录腾讯网，登录 QQ 空间，进行拍拍购物等，还可进行休闲娱乐，玩 QQ 游戏。

在 QQ 运行过程中，在任务栏图标上单击鼠标右键会弹出菜单，如图 6-101 所示。右键菜单可以进行的操作有 QQ 状态的调整，如上线（我在线上）、离开、隐身等。尤其是当处于隐身状态时，你在好友的 QQ 上的头像显示为灰色，处于不在线的状态，其实这是一种免打扰的状态，丝毫不影响你对 QQ 消息的接收与操作。此菜单还可对 QQ 声音头像等进行快速设置。另外，也可打开主面板或退出 QQ 程序。

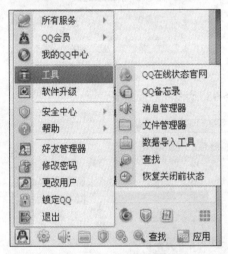 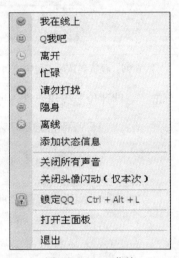

图 6-100　 QQ 菜单系统　　　　　　　　　　　图 6-101　 QQ 菜单

QQ 面板上的工具按钮是比较常用的 QQ 功能键，如 QQ 空间、腾讯微博、QQ 邮箱等，如图 6-102 所示。按钮右边的数字表示新访客数量及腾讯微博的变化数量。而面板下部的工具按钮常用的则有 QQ 查找、QQ 宠物、QQ 游戏、QQ 音乐、腾讯视频等，如图 6-103 所示。

图 6-102　 QQ 功能按钮　　　　　　　　　图 6-103　 QQ 工具按钮

子任务二　 查找朋友、查找群

当我们第一次使用 QQ 登录新号码时，好友名单是空的，如果要和其他人联系，必须要添加好友。首先要设法知道好友的一些资料，比如对方的 QQ 号码、E-mail 或昵称等。如果知道对方的 QQ 号码是 88009，就可以单击 QQ 面板下方的"查找"按钮，打开如图 6-104 所示界面，自定义查找该用户号码，再把对方添加为好友，对方通过请求验证后就可以互发消息了。

QQ 还可以通过在"查找联系人"界面输入昵称来查找、添加好友。

图 6-104　查找 QQ 好友

若想根据自己的爱好拓展 QQ 好友群，则可根据昵称、性别、年龄、地点等进行相应的"条件查询"，即高级查询，如图 6-105 所示。这样的查找同样适合于查找群、企业等操作。

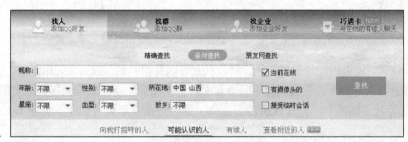

图 6-105　QQ 高级查询

子任务三　传送文件、文件夹

QQ 传送文件的功能可以让我们和好友传递任何格式的文件，例如图片、文档、歌曲等。而且，传送文件采用断点续传，即使再大文件也不用担心中间断开。只要好友在线，用鼠标右键单击对方的头像，在弹出的菜单中选择向下的箭头——"传送文件"，或者打开与好友的聊天窗口，在控制菜单中选择"传送文件"，显示界面如图 6-106 所示。等到对方同意接收，显示如图 6-107 所示界面即可完成传送。同样，当你的好友通过 QQ 向你发送文件时，你首先会收到他的文件传送请求。如果同意就可以单击"接收"按钮，在弹出的窗口中选择保存文件的目录，之后文件就开始传送过来了，聊天窗口右上角出现传送进程。文件接收完毕后，QQ 会提示你打开文件或打开文件所在的目录。

成为 QQ 会员后还可以发送离线文件，即使对方不在线，也可以发送。

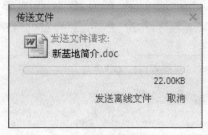

图 6-106　发送文件

图 6-107　文件接收端

子任务四　语音、视频聊天

现在的电脑一般都配有耳麦，因此可以进行真正的语音聊天，而非打字聊天。操作方法很简单，打开好友的聊天窗口，单击"语音"按钮，发送语音聊天邀请，出现界面如图 6-108 所示。而对方将看到如图 6-109 所示界面。待对方接受同意后，就可以语聊了。

图 6-108　发送语音邀请

图 6-109　语音邀请接收端

如果有摄像头，还可以使用视频聊天，聊天双方可以互相看到。假如没有摄像头，也不必灰心，我们仍然可以进行视频聊天，不过只能听到声音而看不到图像。要开始视频聊天很简单，打开好友的聊天窗口直接点"视频"，发送视频聊天邀请，等对方接受后就可以了，如图 6-110 所示。

子任务五　使用 QQ 表情

在聊天输入文本时，单击 A 按钮，用户可以对输入框中的字体进行设置，如粗体、斜体、带下划线、字体的颜色、种类及大小等。单击 按钮可以选择各种符号、QQ 表情等，如图 6-111所示，单击 按钮是魔法表情，一般是 QQ 会员或者 QQ 宠物用户才能使用。单击 能使对方和自己的对话窗口抖一抖。单击 能和好友一起听歌，或者改变聊天的场景使聊天不再单调。这些都会使发送的消息生动不少。

图 6-110　视频聊天

图 6-111　QQ 表情

子任务六　防止上当受骗

QQ 是大家常用的通讯联络工具。有很多人一放学或者回家就迫不急待地上网，打开 QQ 聊天。那里的确是一个精彩的世界，但有时候我们也会遇到一些困扰，即使有些是善意的玩笑，也给当事人带来不小的困扰。

常见的 QQ 诈骗有：（1）利用链接或者传送文件，在对方不知情的情况下植入木马，盗取 QQ 号码，然后冒充号码主人向其好友借钱等；（2）在很多服务区利用发送中奖消息骗取玩家的账号和密码，以此登陆，盗取玩家的装备；（3）利用网聊、网恋骗取使用者的信任，再进一步实施诈骗等。为避免上当受骗，我们应该做好以下几点。

（1）打开验证，严格把关。单击小企鹅左边的按钮，选择"个人设定"，单击"网络安全"标签，在"身份验证"中选择"需要身份验证才能把我列为好友"，这样别人要将我们加入就必须通过我们的验证。打开验证的目的是为了从严把关，尽量减少不怀好意的人加你为好友。万一加了不怀好意的人就把他拉进黑名单，那么我们就会在对方的好友里消失。

（2）在"系统参数"里把"拒绝陌生人消息"选上。

（3）发现问题，立即下线。如果遭到攻击，应该立刻关掉 Modem，然后再重新拨号上网。比如 QQ 千夫指的消息攻击需要知道你的 IP 地址。而拨号上网的用户通常使用的是动态 IP，只要下线再重新上来，IP 地址就变了，自然就避过了别人再次攻击了。不过这种方法只适合偶然遇上的黑客攻击。如果是我们的"好友"，此方法就不灵了。只要对方向我们发送消息，就可以通过工具得知我们的 IP 地址。这时第一个方法的重要性就凸现出来了。

（4）关注腾讯，随时升级。因为一个程序在推出之时，一定会有 Bug 的，而新推出的软件通常会弥补这些问题。

任务十六　远程控制

远程桌面连接组件是从 Windows 2000 Server 开始由微软公司提供的，该组件一经推出受到了很多用户的拥护和喜欢。在 Windows XP 和 Windows 2003 中微软公司将该组件的启用方法进行了改革，我们通过简单的勾选就可以完成在 Windows XP 和 Windows 2003 下远程桌面连接功能的开启。

当某台计算机开启了远程桌面连接功能，我们就可以在网络的另一端控制这台计算机。通过远程桌面功能，我们可以实时操作这台计算机，在上面安装软件、运行程序，所有的一切都好像是直接在该计算机上操作一样。这就是远程桌面的强大功能。通过该功能，网络管理员可以在家中安全地控制单位的服务器，而且由于该功能是系统内置的，所以比其他第三方远程控制工具使用起来更方便、更灵活。

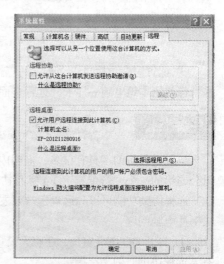

图 6-112　配置远程桌面用户

子任务一　配置服务端

① 远程访问有一定的风险，因此一定要设置好服务器用户的权限。建立远程访问用户，此设置在控件面板用户下完成，这里不再详述。

② 设置服务器远程连接参数，右键单击"我的电脑"，选择"属性"，在弹出的系统属性窗口中选择"远程"，弹出远程参数设置窗口，如图 6-112 所示。在"远程桌面"下"允许用户远程连接到此计算机"前面打上勾，并单击

"选择远程用户"，选择新建的远程访问用户添加到访问窗口里面，单击"确定"按钮即可。除此以外，此计算机上的超级用户 administrator 在设置完成后将自动拥有远程桌面访问权限。

子任务二 客户连接

① 单击"开始"在"附件"菜单下面找到"远程桌面连接"或者直接在"运行"里面输入 mstsc.exe 后单击回车键，如图 6-113 所示。远程桌面连接窗口弹出，如图 6-114 所示。

图 6-113 运行远程桌面程序

图 6-114 远程桌面登录

② 单击"选项"，配置连接参数，如保存用户名密码、把本地磁盘带到远程服务器上等都是非常有用的功能。有些服务器远程能直接拷贝文件，有些服务器却不能，就是因为没把本地磁盘带到远程服务端，如图 6-115 所示。

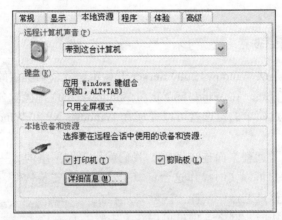

图 6-115 远程桌面配置

③ 配置完参数后单击"连接"，输入用户名和密码即可进入远程桌面连接，此时使用远程电脑就像使用本地电脑一样了。远程桌面也因此成为 soho 一族的最爱。

任务十七 QQ 远程协助

虽说远程协助工具有很多，但国内用得最多的还是 QQ 工具，所以 QQ 远程协助功能确是腾讯公司给的一个"彩蛋"。QQ 远程协助是腾讯开发的一款整合在 QQ 软件内的辅助工具，通过 QQ 远程协助功能可以和远程远端好友共享桌面，还可以让远端的好友操作自己的电脑，帮助解决一些电脑问题。

① 打开 QQ 聊天窗口，在聊天窗口最上方工具栏中有"远程协助"按钮，鼠标指向该按钮时有"远程协助"的文字提示。

② 如果对方不在线，则鼠标指向该按钮时会提醒对方处于"离线或隐身"状态。

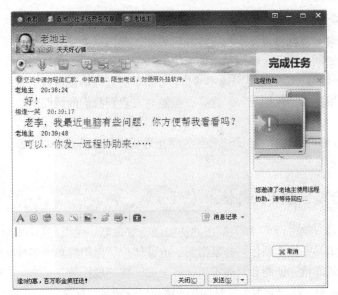

图 6-116　发送远程协助邀请

③ 单击"远程协助"按钮后，聊天窗口右侧出现邀请状态，如图 6-116 显示正在邀请对方远程协助，需要等待对方回应。当然我们也随时可以取消邀请。邀请发出后，对方屏幕右下角会弹出邀请提示，打开对话框后可选择"接受"或"拒绝"，如图 6-117 所示。

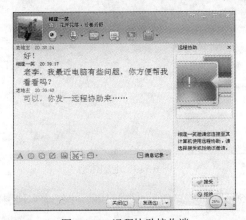

图 6-117　远程协助接收端

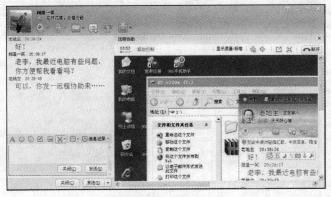

图 6-118　远程协助完成界面

④ 对方单击聊天窗口右侧的"接受"按钮或屏幕指示中的"接受"后即可开始远程协助。如图 6-118 所示，此时对方就可以显示我方计算机界面，并可以操纵我方计算机进行操作，这样的操作一般基于信任的朋友之间，亦或是帮助解决电脑问题、演示电脑软件操作设置等。

⑤ 对方作为控制端，如果觉得网速不够快，可以单击远程桌面窗口上方的"显示质量"按钮，从弹出的下拉菜单中选择"低画质"，这样，虽然对方看到我们的桌面画质不一定很好，但速度有一定的提升。

⑥ 操作的双方都可以选择"断开"按钮，终止远程操作。断开后双方都会显示"远程协助连接已经断开"的提示。

任务十八　360 安全卫士的使用

360 安全卫士是一款由奇虎 360 推出的功能强、效果好、受用户欢迎的上网安全软件。360 安全卫士拥有查杀木马、清理插件、修复漏洞、电脑体检、保护隐私等多种功能，并独创了"木马防火墙"功能，依靠抢先侦测和云端鉴别，可全面、智能地拦截各类木马，保护用户的账号、隐私等重要信息。由于 360 安全卫士极其实用，用户口碑极佳，目前在中国网民中，首选安装 360 安全卫士的已超过 3.5 亿。

其主要功能如下。

（1）电脑体检：对电脑进行详细的检查，如图 6-119 所示。

图 6-119　电脑体检

（2）查杀木马：使用 360 云引擎、360 启发式引擎、小红伞本地引擎、QVM 四引擎杀毒，如图 6-120、图 6-121 所示。

图 6-120　木马查杀

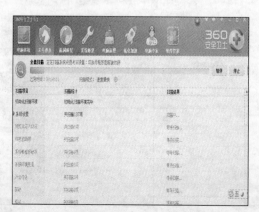

图 6-121　木马扫描

（3）修复漏洞：为系统修复高危漏洞和功能性更新，如图 6-122 所示。

（4）系统修复：修复常见的上网设置、系统设置等，如图 6-123 所示。

图 6-122　漏洞修复　　　　　　　　　　　　　图 6-123　系统修复

（5）电脑清理：清理插件、垃圾、痕迹和注册表，如图 6-124 所示。

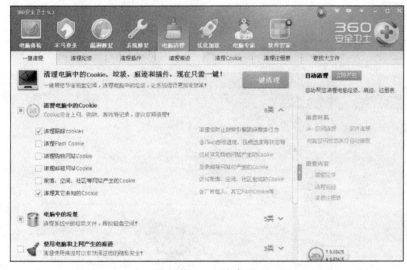

图 6-124　电脑清理

（6）优化加速：加快开机速度（深度优化：硬盘智能加速 + 整理磁盘碎片），如图 6-125 所示。

图 6-125　电脑优化加速

（7）软件管家：安全下载软件、小工具等，如图 6-126 所示。

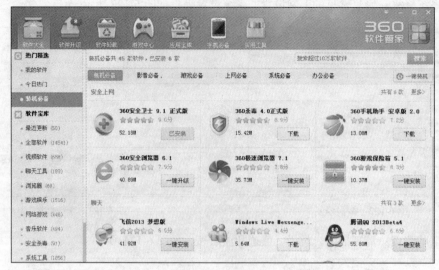

图 6-126　软件管家

（8）电脑门诊：解决电脑其他问题，如图 6-127 所示。

图 6-127　360 电脑专家

任务十九　网络游戏平台的了解

　　网络游戏（Online Game），又称"在线游戏"，简称"网游"，指以互联网为传输媒介，以游戏运营商服务器和用户计算机为处理终端，以游戏客户端软件为信息交互窗口，旨在实现娱乐、休闲、交流和取得虚拟成就，具有可持续性的个体性多人在线游戏。

　　网络游戏是区别于单机游戏而言的，是指玩家必须通过互联网连接来进行的多人游戏，一般是由多名玩家通过计算机网络在虚拟的环境下，对人物角色及场景按照一定的规则进行操作，以达到娱乐和互动目的的游戏产品集合。

而单机游戏模式多为人机对战，因为不能连入互联网而互动性差了很多，但可以通过局域网的连接进行有限的多人对战。

网络游戏的诞生让人类的生活更丰富，促进了全球人类社会的进步，并且丰富了人类的精神世界和物质世界，让人类的生活品质更高，让人类的生活更快乐。目前常见的网络游戏主要如下。

（1）休闲网络游戏：登陆网络服务商提供的游戏平台后（网页或程序），进行双人或多人对弈的网络游戏。①传统棋牌类：如纸牌、象棋等，提供此类游戏的公司主要有腾讯、联众、新浪等。②新形态（非棋牌类）：根据各种桌游改编的网游，如三国杀、UNO 牌、大富翁（地产大亨）等。

（2）网络对战类游戏：玩家通过安装市场上销售的支持局域网对战功能的游戏，通过网络中间服务器，实现对战，如 CS、星际争霸、魔兽争霸等。主要的网络平台有盛大、腾讯、浩方等。

（3）角色扮演类网上游戏：RPG 类，在游戏中扮演某一角色，通过任务的执行，使其提升等级，得到宝物等，如大话西游、传奇等。提供此类平台的主要有盛大等。

（4）功能性网游：非网游类公司发起，借网游的形式来实现特定功能的网游，如光荣使命（南京军区开发用于军事训练用途）、由简股市气象台（基金与投资机构开发用于收集股市趋势与动态）、清廉战士（用于反腐保先教育）、学雷锋（盛大出品的教育网游）等。

拓展学习

网络拓扑结构

网络拓扑结构是指用传输媒体互连各种设备的物理布局，就是用什么方式把网络中的计算机等设备连接起来。拓扑图是网络服务器、工作站的网络配置和相互间的连接图，它的结构主要有星型结构、环型结构、总线结构、分布式结构、树型结构、网状结构、蜂窝状结构等。

网络的 OSI 七层结构

OSI（Open System Interconnection），即开放式系统互联参考模型，是一个逻辑上的定义、一个规范，它把网络协议从逻辑上分为了 7 层。每一层都有相对应的物理设备，比如常规的路由器是三层交换设备，常规的交换机是二层交换设备。

第 7 层应用层：OSI 中的最高层。为特定类型的网络应用提供了访问 OSI 环境的手段。应用层确定进程之间通信的性质，以满足用户的需要。应用层不仅要提供应用进程所需的信息交换和远程操作，还要作为应用进程的用户代理，来完成一些进行信息交换所必需的功能。它包括文件传送访问和管理 FTAM、虚拟终端 VT、事务处理 TP、远程数据库访问 RDA、制造报文规范 MMS、目录服务 DS 等协议。

第 6 层表示层：主要用于处理两个通信系统中交换信息的表示方式，为上层用户解决用户信息的语法问题。它包括数据格式交换、数据加密与解密、数据压缩与恢复等功能。

第 5 层会话层：在两个节点之间建立端连接，为端系统的应用程序之间提供了对话控制机制。此服务包括以全双工还是以半双工的方式进行设置建立连接。

第 4 层传输层：常规数据递送，主要是将从下层接收的数据进行分段和传输，到达目的地址后再进行重组，为会话层用户提供一个端到端的可靠、透明和优化的数据传输服务机制。包括全双工或半双工、流控制和错误恢复服务。

第 3 层网络层：通过寻址来建立两个节点之间的连接，为源端的运输层送来的分组，选择合适的路由和交换节点，正确无误地按照地址传送给目的端的运输层。它包括通过互联网络来路由和中继数据。

第 2 层数据链路层：将数据分帧，并处理流控制、屏蔽物理层，为网络层提供一个数据链路的连接，在一条有可能出差错的物理连接上，进行几乎无差错的数据传输。本层指定拓扑结构并提供硬件寻址。

第 1 层物理层：处于 OSI 参考模型的最底层。物理层的主要功能是利用物理传输介质为数据链路层提供物理连接，以便透明地传送比特流。

数据发送时，从第七层传到第一层；接收数据则相反。

网络操作系统 NOS

网络操作系统（NOS），除了具备单机操作系统的全部功能外，还具备管理网络中的共享资源、实现用户通信以及方便用户使用网络等功能，是网络的心脏和灵魂。它是网络用户与计算机网络之间的接口，是计算机网络中管理一台或多台主机的软硬件资源、支持网络通信、提供网络服务的程序集合。

常用的网络操作系统包括如下。（1）UNIX。UNIX 是美国贝尔实验室开发的一种多用户、多任务的操作系统。（2）NetWare。NetWare 是 Novell 公司开发的网络操作系统，也是以前最流行的局域网操作系统。NetWare 主要使用 IPX/SPX 协议进行通信。（3）Linux。Linux 是一个"类 UNIX"的操作系统，最早是由芬兰赫尔辛基大学的一名学生开发的。Linux 是自由软件，也称源代码开放软件，用户可以免费获得并使用 Linux 系统。（4）Windows 9X/ME/XP/NT/2000/2003。Windows 9X/ME/XP 系列操作系统是微软推出的面向个人计算机的操作系统。严格来说，它们并不属于网络操作系统，但是 Windows 系列系统都集成了丰富的网络功能，可以利用其强大的网络功能组建简单的对等网。Windows NT/2000/2003 是微软成熟的网络操作系统，根据使用的需求不同，又可分为不同的版本。

物联网

物联网是在计算机互联网的基础上，利用射频自动识别 RFID、无线数据通信等技术，构造一个覆盖世界上万事万物的"Internet of Things"。在这个网络中，物品能够彼此进行"交流"，而无需人的干预。其实质是利用 RFID 技术通过计算机互联网实现物品的自动识别和信息的互联与共享。

物联网用途广泛，遍及智能交通、环境保护、政府工作、公共安全、平安家居、智能消防、工业监测、环境监测、路灯照明管控、景观照明管控、楼宇照明管控、广场照明管控、老人护理、个人健康、花卉栽培、水系监测、食品溯源、敌情侦查和情报搜集等多个领域。

IPv6

IPv6 是"Internet Protocol Version 6"的缩写，它是 IETF（Internet Engineering Task Force，即互联网工程任务组）设计的用于替代现行版本 IP 协议 IPv4 的下一代 IP 协议。

我们使用的第二代互联网 IPv4 技术，核心技术属于美国。它的最大问题是网络地址资源有限。从理论上讲，它可实现 1600 万个网络地址编址、40 亿台主机地址编址，但采用 A、B、C 三类编址方式后，可用的网络地址和主机地址的数目大打折扣，以至 IP 地址已于 2011 年 2 月 3 日分配完毕。其中北美占有 3/4，约 30 亿个，而人口最多的亚洲只有不到 4 亿个，中国截止 2010 年 6 月 IPv4 地址数量达到 2.5 亿，落后于 4.2 亿网民的需求。地址不足，严重制约了中国及其他国家互联网的应用和发展。

IPv6 具有更大的地址空间。IPv4 中规定 IP 地址长度为 32,最大地址个数为 2^{32};而 IPv6 中 IP 地址的长度为 128,即最大地址个数为 2^{128}。与 32 位地址空间相比,其地址空间增加了 $2^{128}-2^{32}$ 个。IPv6 中有足够的地址为地球上每一平方英寸的地方分配一个独一无二的 IP 地址。

移动互联网 MI

移动互联网(Mobile Internet,MI)是一种通过智能移动终端,采用移动无线通信方式获取业务和服务的新兴业态,包含终端、软件和应用三个层面。终端层包括智能手机、平板电脑、电纸书等;软件层包括操作系统、中间件、数据库和安全软件等;应用层包括休闲娱乐类、工具媒体类、商务财经类等不同应用与服务。移动互联网应用缤纷多彩,娱乐、商务、信息服务等各种各样应用开始渗入人们的基本生活。手机电视、视频通话、手机音乐下载、手机游戏、手机 IM、移动搜索、移动支付等移动数据业务开始带给用户新的体验。

云附件

"云附件"是网易邮箱提供大文件网络临时存储的一项服务。如果通过邮件发送大文件,电脑便会将我们的文件暂存在"云端服务器",收件方可以在 15 天内自由下载。因为收件方收到的邮件内容实为附件的下载链接,不受对方邮箱容量大小的限制,所以不用担心因为文件过大而对方邮箱不支持接收的情况。

1. 可以发送单个不超过 2G 的若干大文件(总计存储容量不超过 4G)
2. 文件上传后保存 15 天,到期前三天会收到邮件提醒,可以进行续期。如果没有续期,到期后,系统将自动清理过期文件。(已上传附件不占用邮箱容量)

习题六

1. 在计算机网络的定义中,一个计算机网络包含多台具有＿＿＿＿＿＿功能的计算机;把众多计算机有机连接起来要遵循规定的约定和规则,即＿＿＿＿＿＿＿;计算机网络的最基本特征是＿＿＿＿＿＿。

2. 互联网(Internet),是按照一定的通讯协议组成的国际计算机网络,其按照网络按覆盖的范围可分为＿＿＿＿＿＿、＿＿＿＿＿＿、＿＿＿＿＿＿。

3. 常用的传输介质有两类:有线和无线。有线介质有＿＿＿＿＿、＿＿＿＿＿、＿＿＿＿＿。

4. 电子邮件系统提供的是一种＿＿＿＿＿＿服务,WWW 服务模式为＿＿＿＿＿＿。

5. 网络服务器将域名转化为相应网站的 IP 地址,完成这一任务的过程就称为＿＿＿＿＿。

6. 域名由两种基本类型组成:以机构性质命名的域和以国家地区代码命名的域。常见的以机构性质命名的域,如表示商业机构的＿＿＿＿＿,表示教育机构的＿＿＿＿等。

7. 互联网可以通过＿＿＿＿＿和＿＿＿＿＿＿,或今后其他接替的协议或兼容的协议来进行通信。

8. 百度搜索为大家提供站内搜索服务,方法是＿＿＿＿＿＿＿。

9. 常用中文搜索引擎除百度谷歌外,网易旗下搜索引擎为＿＿＿＿＿,搜狐旗下的搜索引擎为＿＿＿＿＿。

10. 淘宝网购物流程的基本步骤共有五个:＿＿＿＿、＿＿＿＿、＿＿＿＿、＿＿＿＿、＿＿＿＿。

11. QQ 是由＿＿＿＿＿公司提供的即时聊天工具;360 安全卫士是由＿＿＿＿＿公司提供的网络免费安全上网软件。